U0081338

聰明大百科
天文常識
有go讚

永續圖書線上購物網

讀品文化事業有限公司

www.foreverbooks.com.tw

yungjiuh@ms45.hinet.net

資優生系列 32

聰明大百科：天文常識有GO讚！

編　　著　許孟輝
出 版 者　讀品文化事業有限公司
責任編輯　陳劍鵬
封面設計　林鈺恆
美術編輯　王國卿

總 經 銷　永續圖書有限公司
TEL／(02)86473663
FAX／(02)86473660
劃撥帳號　18669219
地　　址　22103 新北市汐止區大同路三段194號9樓之1
TEL／(02)86473663
FAX／(02)86473660
出 版 日　2018年12月

法律顧問　方圓法律事務所　涂成樞律師
CVS代理　美璟文化有限公司
TEL／(02)27239968
FAX／(02)27239668

國家圖書館出版品預行編目資料

聰明大百科：天文常識有GO讚！／許孟輝編著.
--初版. --新北市 ： 讀品文化, 民107.12
面； 公分. --（資優生系列：32）
ISBN 978-986-453-087-8 (平裝)
1. 天文學　2.通俗作品
320　107018152

拉開宇宙的帷幕——神祕的宇宙

到星星島去做客——星空逐夢

超越時空的界限——走進時間隧道

宇宙送給人類的藍色城堡——地球的祕密

陽光裡的奧祕——太陽之歌

6 永不變心的衛兵——窺探月球

搭乘飛船去探險——令人著迷的太空旅行

8 天文館奇幻劇場——有趣的天文故事

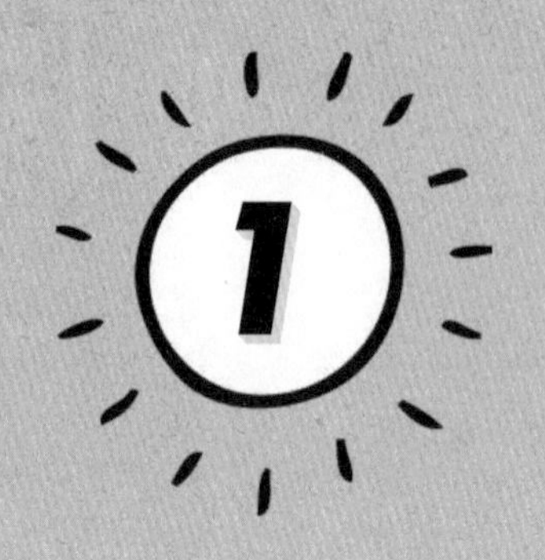

拉開宇宙的帷幕——神秘的宇宙

像氣球一樣爆炸的宇宙

小時候，孩子們總喜歡向大人提問題，差不多每個人都曾好奇，自己是怎樣變生出來的呢？有的爸爸說，我們是從樹上結出的果實裡找到的；有的媽媽說，我們是從石頭裡蹦出來的。最有意思的是，在一些神話裡，孩子是從父親的腳趾頭裡生出來的呢！

隨著我們慢慢長大，問題越來越多，開始提出各式各樣的問題，關於家庭、學校、田野、大海、世界、地球甚至是宇宙。你會發現，所有的疑問，最早、最初其實來源於宇宙。沒有宇宙的存在，我們身邊的一切都將化為烏有。

那麼，我們就從宇宙的產生開始談起吧！

宇宙，它聽起來就讓人覺得廣大無邊，不過，它再龐大，總會有它的開始，它也和人一樣，有一個產生的

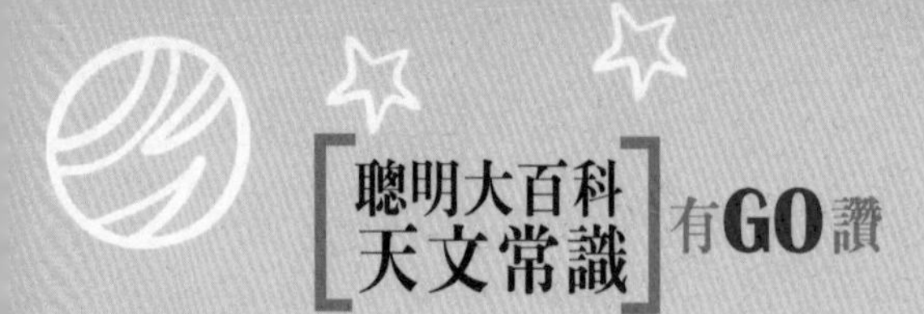

過程。

人類的出現，是近幾十萬年的事情，比起宇宙老先生的年紀可差得太遠了。但人類的好奇心強，智力又發達，總是強烈地好奇，宇宙是怎麼來的？總是進行一個個細緻入微的研究，看看宇宙是否也是在「媽媽」肚子裡孕育？

世界各國的科學家們，花了許許多多心思探索這個問題，找出林林總總的證據，提出了各式各樣的想法。但到現在仍然沒有完全定論，因為誰也沒有像親眼看過見孩子出生一樣看見過宇宙的出生。不過，不少科學家同意其中一種想法，就是宇宙是透過一次大爆炸誕生出來的。

我們想像一下，「砰」的一聲巨響，整個宇宙就在這一次爆炸中產生了！它就像一個氣球爆炸一樣，只不過這個氣球非常非常大。

一切聽起來這樣簡單，但是科學家可是經過嘔心瀝血才研究出來。這種想法是有根據的，但因為終究不是特別真切，因而叫做假說——「大約在200億年以前，我們現在所處的宇宙，是一個密度非常大、溫度高達上百億攝氏度的大火球，大火球所有的各種物質都比親兄弟還要近地緊緊擁抱在一起。後來，由於一種不明的原

因，這個大火球開始不斷膨脹，終於有一天到了極限，發生了大爆炸，火球中的各種物質盡情地四射，發散到很遠很遠的四面八方。後來隨著溫度慢慢降低，那些散落的物質開始集合起來，形成了許多星系和像我們的地球似的星球，宇宙就這樣誕生了。」

雖然贊成「宇宙大爆炸」假說的人很多，但也有人對這個說法提出疑問。有的人又說，宇宙是一種特殊的力量建造出來的，就像人類建造一所房子、一座高樓。但究竟是怎樣的一種特殊的力量，誰有這樣大的能力建了如此大的房子呢？提出這個說法的人也弄不準。

這樣看來，宇宙是如何誕生的，這問題還真難住了偉大的科學家們呢！不過，終究有一天，人類會找到宇宙的起源，同時也會為宇宙找到它的母親。

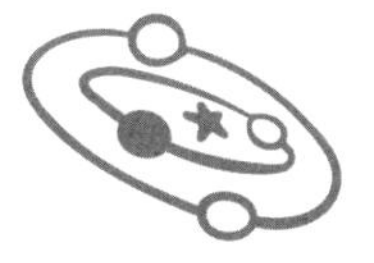

偉大的力量

如果把「大爆炸」當做是宇宙的母親，它生下的宇宙可真了不起，它有著無邊無際的空間和無以倫比的力量，就連大力神安泰也比不上的。

安泰是誰呢？原來他是古希臘神話中的一個巨人，他的父親是大海之神波塞冬，母親是大地之神蓋亞。安泰一生下來就力大無窮，長大後更是力量無邊，人世間沒有誰能打得過他。為什麼他有這麼大的力量呢？原來是因為他不斷地吸取大地母親的力量，只要不離開地面，力量就會源源不斷永不枯竭。

後來，他的敵人赫拉克勒斯發現了這個祕密，和安泰進行交戰時，想辦法把他舉到空中，終於打敗了他。

安泰的力量雖然大，但跟宇宙的力量比起來差得很遠。宇宙的空間裡有無數的星雲和星系，星雲和星系又是無數個像太陽、月亮、地球一樣的星球組成，只是距離我們太遙遠了，導致那些星球看起來太小，不是變作了星星，就是變作了像銀河系一樣的空中彩帶。能夠容納這麼多星球，那得有多大的胸懷和能量啊，又豈是安泰可比呢？

不過，宇宙到底能包含多少重量的東西呢？它究竟有多大力量，又是用哪種力量維持日月星辰那樣安靜地懸在空中呢？這些問題真是太難回答了。

人類經過大約2000年的累積和研究，發現宇宙懷抱裡有幾種神祕的驅動力量，使它獲得了無與倫比的力量：

第一種力是重力——因為有重力的存在，地球等行星才會圍繞著太陽旋轉，才有了太陽系；如果重力消失了，空中的星球就會解散。比如地球，會在一瞬間被撕成碎片。

第二種力是電磁力——因為有了這種力，我們才能使用電視、電燈、電話、收錄機等，而宇宙的星球間、星系間都會有一些看不見的磁力。

第三種力是弱核力——這種力能造成自然界的火山噴發；醫生還能利用它來給病人的大腦照相。

第四種力是強核力——核武器就是由這種力推動的。如果沒有弱核力和強核力，宇宙就會變得黑暗，水就都要凍結成冰，人類也就無法生存。

科學家認為，宇宙在剛剛出生的時候是柔和、均勻而又是對稱性的，像一個熟睡的寶寶。那時，這四種基本的力在一種「超力」控制之下乖乖聽話；而當宇宙成長中膨脹和冷卻的時候，這四種力就逐漸從「超力」中分裂出去，進而造就了今天我們所看到的這樣一個千姿百態的宇宙世界。

這四種力量維持了宇宙如今的模樣，讓它擁有格外強大的力量，來包容萬象世界。

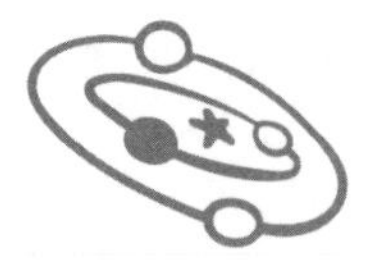

宇宙先生會死嗎

「星星和太陽都不再升起，四周黑暗一片，沒有潺潺的流水，沒有聲音，沒有景色，也沒有冬天的落葉和春天的嫩芽；沒有白天，沒有勞動的歡樂，在那永恆的黑夜裡，只有沒有盡頭的夢境。」

如果出現了這樣情況，你會覺得可怕吧？傳說中的世界末日也不過如此罷了。

這是十九世紀一位叫做斯溫朋的英國詩人寫下的一首詩，這首詩是對宇宙的未來作的一番描述。

這位詩人並不是隨便寫幾句詩歌，他是根據19世紀德國物理學家克勞修斯的學說寫出來的。

克勞修斯是研究熱力學的專家，他提出了一個定律：「熱量無法自發地從比較冷的物體傳到比較熱的物體。」這就像我們在冬天裡，到外面玩了一圈，回到家

裡之後將手放在暖暖的火爐前取暖，你會發現手變暖了，但火爐卻沒有變冷。

這是什麼原因呢？原來，熱量（能量）雖然是互相傳遞的，但低溫的物體釋放的能量遠遠小於它從高溫物體所吸收的能量。在冷和熱分佈不均的情況下，能量主要從高溫向低溫傳遞，在這個能量流動的過程中，冷和熱之間的差異將不斷縮小，最後會趨於均勻地分佈。

我們一定會想，看樣子冬天的時候只要有小火爐，一定不會受凍。可是如果把這個定律拿到解釋宇宙能量的運動，你會意識到未來可能會發生非常可怕的事情。

假如宇宙的能量和溫度達到絕對均勻後，就會出大事啦！宇宙的不同角落裡，都有各式各樣高溫的天體存在，在天體周圍又會有冰冷的空間。

假如整個宇宙的溫度完全平均，那麼所有的能量都會終止運動，它不會再從高溫的地方向低溫的地方傳送，恆星和星系的能量也會燃燒殆盡。到了那個時候，宇宙就會陷入永久的死寂，沒有動靜。這就是天文學家提出的「熱寂說」。

天哪，難道真的會有這樣的一天嗎？宇宙也會死亡嗎？1969年，英國天文學家馬丁·里斯提出了「宇宙坍縮」說，他說宇宙將來會發生大坍縮，到時候宇宙中的

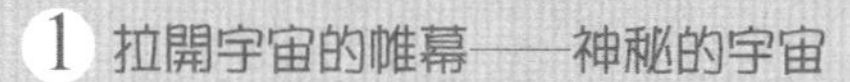

所有星系將會突然收縮在一起，互相碰撞成一灘爛泥。

　　這些學說和理論都指向了一個事實，宇宙先生也會衰老死亡，或許這需要幾十億年甚至幾百億年，但終有一天，他也會生命終結。

　　誰能來拯救宇宙先生呢？那恐怕需要人類用盡智慧，發明各式各樣拯救宇宙的工具。或許有一天，宇宙的生命會因人類的發明而延長呢！

誰敢測量宇宙的腰圍

一個學校的學生們，學校和家的距離總是有遠有近。如果距離很近，我們會說，從家到學校有幾公尺；如果距離很遠，我們會說，從家到學校有幾公里。如果有人說，從家到學校有幾千萬公厘，同學們聽了一定哈哈大笑，怎麼會有人用公厘來形容學校和家的距離。

我們總覺得，「公里」這個單位已經很大了。實際上，它跟天文學中的測量距離單位比起來，就像公厘和公里的差距那麼大。假如有個人說，地球距離北斗七星有多少公尺遠，天文學家一定會抱著肚子哈哈大笑的。

我們都知道，宇宙中各個星球的天體之間距離是非常遙遠的，在宇宙中測量距離，如果用公尺或公里等長度來測量，就好比同學把從家到學校的距離說成是幾千

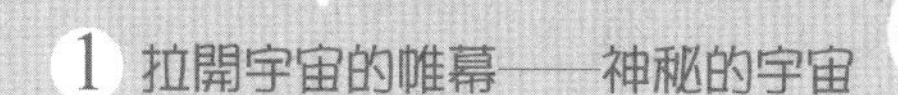

萬公厘一樣，讓人笑破肚皮。

於是，天文學家就設計了一個相當於地球到太陽之間距離的測量宇宙長度單位。這個長度單位叫天文單位，一天文單位大約是1.5億公里。

很早以前，人們就想測一測地球到太陽之間有多遠，有的人還找來射箭最遠的弓箭手，試試一箭能不能射到太陽上。當然，射程再遠的箭，也不可能脫離地球飛到太陽上去。

古代希臘天文學家阿里斯塔克斯估算過，太陽到地球的距離是地球和月亮距離的18到20倍；後來，古希臘的托勒密推算出，地球到太陽的距離大約是地球半徑的1210倍。

2012年8月，在國際天文學大會上，天文學家們以投票的方式把天文單位固定為149，597，870，700公尺，這個數值大約是地球到太陽的平均距離。

如果僅在太陽系中測量天體距離，天文單位作為一個度量是很合適的，但要用它去測量整個宇宙空間中的距離就比較麻煩。例如，用天文單位來表示太陽和離它最近的恆星A星之間的距離，就是270000個天文單位；如果用來表示和遠處恆星之間的距離，後面還要加好幾個0，甚至更多。因此，天文學家又設計了一個單位，叫做「光年」。就是說，光在真空中跑一年的距離，用它來度量宇宙中更大範圍的恆星間距。

光的奔跑速度是非常驚人的，在真空中大約每秒鐘能奔跑30萬公里，一年中跑的距離達到9.5萬億公里。據說，目前人造的最快物體是一顆衛星，它的最高速度是每秒鐘70.22公里，飛越一光年的距離大約需要4000年時間；我們常見的旅客坐的飛機，飛越1光年需要1220330年。由此可以想像，光年對於人類來說是多麼龐大的尺度啊！

有一點要提醒大家，光年聽起來像時間單位，但它是一個長度單位。目前，我們所處的銀河系的直徑大約有7萬光年，而整個天文觀測的範圍早已遠遠超出這個距離上萬倍。

很老很老的老壽星

假如有人問你一棵樹的年紀有多大，你會怎麼回答呢？大概有人會說，去看它的年輪！沒錯，但前提是，它必須是一棵已經被砍伐掉的樹。如果我們把宇宙比作一棵大樹的話，又該怎麼做才能夠找出它的「年輪」呢？

我們當然不可能像伐木工人那樣，把宇宙砍出一個可供觀察的橫截面來。但這也並不意味著我們一定會束手無策。讓我們來看一看聰明的科學家們是怎麼解決這個問題的吧。

地質學家在二十世紀初的時候，發現岩石中具有放射性元素，這種元素的衰退變老的速率是持續並有穩定規律的。於是，就可以透過對岩石衰變的程度進行觀察，計算出它的年紀。這就像是在正常溫度下放置的一

顆蘋果，有經驗的人能很快根據蘋果腐爛的程度，判斷出它存放在那的天數。

科學家根據這一個原理，推斷出地球的年紀大約是45億歲，而太陽的年紀大約是50億歲。

這樣看來，只需要找到一塊宇宙中最古老的岩石，就可以輕而易舉地說出宇宙的年紀了。然而不好辦的是，按我們人類現在的科技水準，除了意外收穫了一些太空送來的隕石以外，差不多沒辦法得到太陽系以外的岩石塊。在人類原來收集到的太空禮物裡，誰又能夠肯定哪一塊才是最古老的石頭呢？

天文學家哈勃先生（1889～1953年）透過另一種方法，巧妙地計算出了宇宙先生的年紀。

他在觀察星空的時候，發現了一個奇怪的現象：有些黃色的星星看上去有些發紅。而你或許並不知道，因為色光的不同與波長有關，所以星光的顏色可以幫助我們判斷一顆星星與地球的大致距離。

由於黃光比紅光的波長短，這就說明那顆泛著紅光的黃色星星正在悄悄地離我們遠去。相反，如果一顆黃色的星星看上去有些發藍，則說明它正在慢慢地向我們靠近，因為藍光的波長比黃光短。

哈勃根據這一原理，透過分析物體發出的聲波或光線的變化，發現了計算遙遠物體速度和年紀的方法。經過艱苦的努力，哈勃計算出宇宙的年紀大約是18億歲。

但是，地球已經45億歲了，宇宙怎麼可能比地球還年輕呢？當然，哈勃的推測是好幾十年前的數據。

在哈勃之後，天文學家又發現了一種體積很小的恆星，亮度也很暗，但是小恆星的質量和密度卻大得驚人。這種矮個子的小恆星被科學家們送了個好聽的名字，叫做白矮星。它很有趣，身體本來是火熱的，卻會隨著時間的推移而逐漸變冷。

人們就透過對矮個子星的溫度變化規律考察，推測出它開始冷卻的最早時間，這就該是它的出生日。這顆矮個子小恆星恐怕已經有近百億的年齡了。

透過不懈的觀察，天文學家用望遠進觀測到了一顆距地球7000光年以外的白矮星，它是人類至今為止發現的最古老的小星星。科學家透過各種資料分析出，它的年紀在130億歲到140億歲之間。看樣子，小傢伙原來是個老壽星。

由矮個子恆星的年紀我們可以肯定，至少宇宙的年齡應該是不低於130億年，至於真實年齡，恐怕只能留給未來的人解答了。

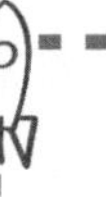

得了肥胖症的宇宙

如果人在地上行走，50公里的路就覺得很遠，恐怕要走一天；如果乘坐火車，5000公里要走數十個小時，那路途可真遙遠，好像是要穿過亞洲，環遊地球了呢！這種漫長的旅行，估計任何人都要叫苦連天。

不過，你要知道環遊地球，距離其實更遠。地球的直徑約12800公里，周長約40000公里，坐火車繞地球一圈大約需要670小時，這可是一個月的時間！就算是坐火箭飛船繞地球一圈，也需要80多分鐘。

假如讓你步行繞地球一周，每天走50公里，要走800天，大概是兩年半的時間，你一定會打電話給家裡，要家人把你半路接回去，然後抱著爸爸媽媽痛哭，下定決心從此再也不旅行了。

不過，你以為這個距離很遠嗎？當然不！假如你走出地球，飛到太陽系的上空看地球時，它可真是小啊。地球的體積只占整個太陽系的幾十億分之一。

離地球最近的天體，也就是地球的衛星——可愛的月球，它與地球的平均距離也在38萬公里，是地球直徑的30倍。

地球與行星冥王星相距約40多億公里，就算以現在的火箭速度飛行，要到冥王星去做客，路上也需要10多年的時間，一去一回，20多年就過去了，我們生命的四分之一都要浪費在路上。

事實上，冥王星距離地球還算近的呢。在浩瀚的宇宙，有無數的恆星、星雲等天體，他們距離地球遠著呢。想要去那些星球看一看，簡直是天方夜譚。由此可見，宇宙真是大得沒邊沒際。我們如果想知道宇宙的大小，恐怕得派出一顆飛得像光速一樣快的衛星，用上百億年去測量，恐怕都很難得到確切的資料。

這樣開來，宇宙先生的肥胖症可真要治一治了。

龐大的家族成員

我們坐在地上仰望夜空，除了時彎時圓的月亮和渺小的星辰，看不到其他東西。

整個宇宙看起來空蕩蕩的，就像一大湖清水裡，只見有一條小魚和它到處灑下的魚仔們，小魚有時候還鑽進湖底不見影子。

但是，看起來空蕩蕩的宇宙，可是有許許多多龐大家族的，家族中的個體成員更是多得無限。

宇宙中存在著數以萬億計像太陽一樣的恆星，它們的大小和密度都不太一樣，有的叫做紅巨星，有的叫做超巨星，還有中子星、造父變星、白矮星、超新星等。紅巨星和超巨星可不是電影、電視裡的明星，那可是特別大的超級星球，大到了是地球的千倍、萬倍、幾十萬倍！

在宇宙空間裡，這些恆星常常聚集成雙星或者三五成群的聚星，之後再組成星系、星系團。

此外，以瀰漫漂浮的形態存在的星際物質，比如星際的氣體和塵埃等，集合到一起之後會形成各種形狀的星雲，就如天上的雲霧。

除了這些能發光的天體外，宇宙中還有紫外天體、紅外天體、射線源、射電源等，那些更是我們肉眼看到，但卻真實存在的。

以上這些大約只占到了宇宙總量的4%。那麼，宇宙組成中剩下96%的神祕物質又是什麼呢？

天文學家認為，其中的23%是暗物質，剩下的73%是一種能導致宇宙加速膨脹的暗能量。暗物質是無法透過直接觀測所能見到的，但它能干擾星體發出的光波或者引力，因此它的存在是能夠被明顯地感覺到的。暗能量被認為是一種見不到的、能推動宇宙運動的能量，宇宙中恆星和行星的運動都是由暗能量和「萬有引力」推動的。

現在，科學家們正在對暗物質和暗能量加緊研究，相信在不久的未來，就能弄清楚它們究竟是怎麼回事，這樣我們也就清楚宇宙家族的成員了呢。

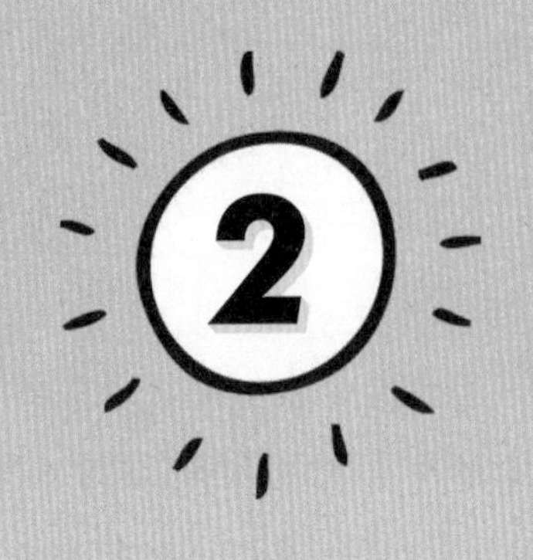

到星星島去做客——星空逐夢

一閃一閃亮晶晶，好像眨眼睛

「一閃一閃亮晶晶，滿天都是小星星，掛在天空放光明，好像許多小眼睛。」

兒歌裡的星星會眨眼，現實中的星星也會眨眼嗎？

我們晚間看看晴空，經常會發現，天上的星星真的是一閃一閃的，像是在對著我們眨著眼睛。為什麼星星會眨眼睛呢？難道它們也是有生命的，可以和我們互相凝望嗎？

經過天文學家們不辭辛苦地觀察研究，終於還是找到了星星眨眼的祕密。

我們看到星星總是在眨眼，其實不是這樣，是空中不穩定的大氣，使星星散發出的穩定的光變得閃爍不

定，因此讓人看上去就像它們對著地下不停地眨眼睛。

星光在來到我們的眼睛以前，必須經過地球的幾層大氣，各層大氣的溫度、密度都是不同的，星光在穿越大氣層時，好像經過了許多個三稜鏡、凸透鏡和凹透鏡，光線在這個過程中經過了多次的偏折，時而匯聚，時而分散，它的明和暗也就因此隨時改變。

如果我們坐上飛船來到不穩定的大氣層上面，我們就會看不見星星的閃爍和眨眼，而只能看見穩定不變的星光了。

細心觀察的人還發現，有時候星星會變顏色，這又是為什麼呢？科學家們告訴我們，這是因為光線經過大氣時，不僅會發生偏折，還會發生顏色散佈現象，所以除了一明一暗地顫動以外，還可以看見星星的顏色在改變。

如果你有興趣，可以在夜晚去空曠的地方觀察星星，就會發現離地平線不遠的明亮恆星會非常明顯地改變顏色；晚間颳風時、下雨後等空氣品質非常好的時候，恆星會閃爍得特別有力，而且顏色變化得特別厲害。

如今，科學家已經有方法計算星光在一定時間裡改變顏色的次數了，具體做法是這樣的：拿一具雙筒望遠鏡來觀察一顆很亮的星星，同時使望遠鏡的物鏡很快地

旋轉。這時，就會看不見星星，而只看見一個由許多顆顏色各異的星星所組成的環；在閃爍較慢或者望遠鏡轉動極快的時候，這些環就會分裂成許多長短不同、顏色各異的弧形。透過計算，就可以得到星星改變顏色的大體次數了。

科學家們統計，星星變換顏色的次數隨氣候的條件而不同，從每秒幾十次能夠達到每秒一百多次，甚至還不止這些次呢。

給星星排隊

璀璨的星空，數不盡的繁星，雖都是一閃一閃亮晶晶，我們看起來都差不多，但如果細心的話，即便用肉眼看過去，也會覺得它們的亮度和樣子不盡相同。

如此眾多的星星，人們在認識它們時怎樣對它們分類呢？又依據什麼樣的標準去分類呢？

在古代的時候，有人就一直思考到了這個問題。由於人類觀察星星時最直觀的依據就是星星的大小和亮度，所以人們就按亮度為星星們劃分了等級，這種等級就叫做星等。

星等首先是由古希臘天文學家喜帕恰斯提出來的，為了衡量星星的明暗程度，他創造出了這個概念。按照這個概念進行衡量和確定：星等的數值越小，星星就越亮；星等的數值越大，它的光就越暗。

喜帕恰斯是個喜歡觀察星星的天文學家。西元前2世紀，他在愛琴海的羅德島上建起了觀星台。一次偶然的機會，他在天蠍座中發現一顆陌生的星星，他認為，這顆星星還沒有被記錄過。或許，還有很多天體在等待人們的發現。於是他決定，要繪製一份詳細的恆星天空星圖。經過不懈的努力，他終於繪製出了一份標有1000多顆恆星精確位置和亮度的恆星星圖。

為了清楚地衡量恆星的亮度，喜帕恰斯把恆星明暗分成等級。他把肉眼看起來最亮的20顆恆星作為一等星，把肉眼能夠看到的最暗弱的恆星作為六等星。在這中間又分為二等星、三等星、四等星和五等星。

喜帕恰斯這位古希臘的科學家有多麼了不起，他在2100多年前奠定的「星等」概念基礎，一直沿用到今天。

隨著時代的發展和研究的深入，依據亮度劃分星等的方法已經不能完全滿足新時代天文學家的要求，他們在喜帕恰斯研究的基礎上又完善性地規定了標準，細分了不同等級星星亮度的刻度劃分。

現代科學規定：一等星是看得見的最亮的星等，六等星是看得見的最暗的星等，一等星的平均亮度是六等星平均亮度的100倍，一等星比二等星亮2.512倍，二等

星比三等星亮2.512倍，依此類推。

當然，現在對天體光度的測量非常精確，星等自然也分得很精細，由於星等範圍太小，科學家們又用了負星等概念，來衡量極亮的天體，把比一等星還亮的定為零等星，比零等星更亮的定為-1等星，依此類推。同時，星等也用小數表示。

所以那些天空最亮的天體是負等星，比如，太陽的視星等為-26.75等，滿月為-12.6等。

在這裡提醒大家，「-」號在此並非負數的概念。

天河的故事

一個晴朗的夜晚，文芳和奶奶在自家所住樓房的房頂上欣賞夜景。

文芳抬頭看著天空，只見空中有一條自南向北的乳白色光帶。它浩浩蕩蕩，橫跨天際，氣魄非常宏偉。這分明是一條天河，把天空的地塊劃分為兩部分。

文芳禁不住對身邊的奶奶說：「天上也有這麼一條大的河呀！真是太漂亮了！」

奶奶笑著對她說：「那是銀河。妳知道嗎？關於這銀河，古代希臘和中國分別都有著不同的美麗傳說。」

於是，奶奶跟文芳講了兩個故事：

赫拉克勒斯是希臘神話中最偉大的英雄，他是宙斯（希臘神話中的眾神之王）和阿爾克墨涅的私生子。他剛生下時，由於宙斯害怕自己的妻子希拉嫉妒，就準備

把孩子匿藏起來。

智慧女神雅典娜（宙斯的女兒）為了這個孩子的平安，給宙斯獻了一計，讓他把孩子假裝成偶爾從路邊發現的棄兒，並把他帶回家讓希拉照料。希拉見這孩子如此可憐，就親自為他哺乳。這時，飛濺到孩子嘴外的奶滴變成一顆顆星星，並逐漸匯集，最後成為銀河。

在古代的中國，人們認為天河與大海是相通的。

住在海島上的一個人忽然產生去大海盡頭探個究竟的念頭，於是他備足乾糧，踏上木筏，乘風破浪航行在海洋裡。

前一、兩天太陽從他的頭頂過去，星星在遙遠處向他招手；三、四天後，太陽只在他的身邊升落，再也看不到月光了，而在他的四面八方可以見到星斗的光影。

十多天後，木筏漂到了一個地方，周圍豁然光亮起來，城郭的建築像地上大城市的規模，還遠遠傳來機梭的聲音。他循著機梭聲抬頭看去，見閣樓上一個漂亮的女子在織布，轉身又見一個英俊的男子牽牛在河邊飲水。

牽牛人見了他便吃驚地問：「由何來此？」海島人就把他的經歷說了一遍，說完就問牽牛人這是什麼地方。

牽牛人回答：「這裡是天堂，這條河是天河。」

奶奶又對文芳說——其實這條銀河既不是古希臘神

話中所說的「奶滴鋪成的路」，也不是中國傳說中所說的「仙女洗澡的地方，」更與大海沒有牽連。它是星星聚集在一起形成的「星河」。

事實上，銀河是宇宙空間的一個星系，由恆星、星雲和星際物質組成，我們所在的地球和太陽系都在其中。銀河系大約有1000多億或者2000億顆恆星，它整個的質量有幾千億個太陽的質量。

銀河系的重要部分呈扁平狀，像一個鐵餅，邊緣薄、中間厚，直徑近10萬光年。它的主體稱為銀盤，太陽距盤心的位置約2.3萬光年。

由於太陽系靠近銀道面，所以，晚上從地球上沿著銀道面看天體最密集，我們置身在燦爛的恆星群中，肉眼分辨不清位置，只能看到一條銀白色的連續的光帶，這就是通常說的銀河。雖然銀河系很龐大，但它在茫茫無際的宇宙中也只不過是一小塊而已。

四季星空，星星也搬家

如果注意觀察星星，你會發現，天空中的星星在不同的季節裡會像走馬燈似的變換位置。同樣是晚上9點鐘，在不同的季節裡，天上的星星分佈的位置卻是不一樣的。

北半球的春天是個鳥語花香的季節，仰望星空，一把大勺子高高地懸掛在我們頭頂上方，勺子口朝下，彷彿要掉下來扣到頭上。

不過你不用擔心，掉不下來的。這把勺子其實是著名的北斗七星，緊跟在北斗七星後面的是獅子座，有獅子護衛著它呢。

依靠著北斗七星我們能夠找到很多明亮的星星，比如沿著門口的兩顆星的連線向北，就可以找到北極星。北極星最靠近正北的方位，所以，如果你分不清方向，可以靠北極星的星光來定位導航，這可是隨身攜帶的指北針，同樣也可以做指南針的。

夏天的星空是最令人嚮往的，很多人會在外面乘涼散步的時候觀察星空，晚風習習，星光燦爛，甄氏多麼愜意啊。

橫貫星空的銀河，輕紗似的在星空流淌，河東明亮的牛郎星與河西的織女星隔著銀河遙遙相對。有時候，搖著蒲扇的老奶奶會給晚輩們講述牛郎織女的美麗故事。

在夏天，你還會看到巨大的彎鉤形的天蠍座出現在南方天空，非常顯眼。再往西看還可以看到天秤座在地平線上遊蕩。

夏季是觀賞星空的大好時機，很多天文愛好者會在這個季節遠離城市的燈光，坐在一個空曠安靜的地方數星星。如果仔細觀察，你會發現，夏空中的星星有的是白色，有的是紅色，有的是藍色，有的是金色，非常漂亮。

秋高氣爽也是觀賞星星的較好時節，抬頭望去，你會發現那把大勺子不見了，原來北斗七星已經藏到地平線下去了。有個成語叫「鬥轉星移」，就是用天文現象來形容季節交替的。

秋夜的星空沒有夏天的明亮，天空中最明顯的是傾

斜的銀河和升到天頂的飛馬座。飛馬座是個四邊形的星座，它的每一條邊正好表示一個方向，如果你能找到這個星座，你又多了一個指南針。

冬天來了，天氣好冷，很多人怕冷，都躲在屋子裡不肯出來。好在，這個季節，由於地球傾斜，天上亮眼的星星不是很多，彷彿它們也怕冷，都躲在家裡了。

冬夜空中最著名的是獵戶座，這個星座很好辨認，因為獵人的腰帶上鑲著三顆十分明亮的寶石，這其實是獵戶座中的三顆恆星，這也是獵戶座的標誌。獵戶座就像一個雄赳赳站著的獵人，身旁是他的兩頭獵犬——大犬座和小犬座。他們一起追逐著金牛座，為這寒冷的冬季星空增添了許多動感和魅力。

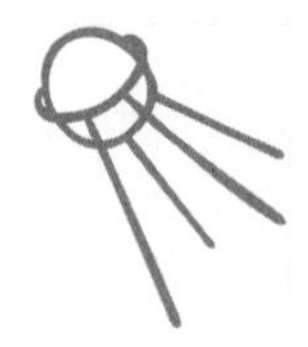

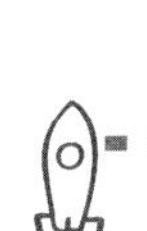

漂浮的「星島嶼」

地球的表面有70%是茫茫大海，藍色的大海中點綴著一個個島嶼。茫無邊際的宇宙也像大海一樣，點綴其中的是一個個的星系，星系是宇宙中龐大的「島嶼」，也是宇宙中最大、最美麗的天體系統。

星系這個詞最初是出現在希臘文中的，也就是希臘人起的名字。就以我們所在的銀河系來說明這一概念吧：星系是一個包含恆星、氣體的星際物質、宇宙塵、暗物質，並受重力束縛的大質量系統。

除了單獨的恆星和稀薄的星際物質，多數星系都有數量龐大的多星系統、星團和各種不同的星雲（由氣體和塵埃組成的雲霧狀天體）。我們所居住的地球就身處一個巨大的星系——銀河系中，而在銀河系之外，還有上億個像銀河系這樣的被稱為銀河外星系的「太空巨

島」。

天文學家估算，在可以看見的、可以觀測到的宇宙中，星系的總數大概超過了一千億個。它們中有些離我們較近，可以清楚地觀測到結構，有些則非常遙遠，最遠的星系甚至離我們有將近一百五十億光年。

這樣多的星系，天文學家是怎麼區分它們的呢？

最簡單的辦法就是按照大小分，把包含恆星數量較少的分為一類，恆星數量較多的分為另外一類。比較小的那一類又被稱作矮星系，一般只含有數千萬顆恆星。雖然許多矮星系都被周圍的大星系吞沒了，但它們依然是宇宙中數量最多的星系。

科學家們並不滿足於這種簡單的做法，他們更喜歡用一種「以貌取人」的方法來劃分星系的類型。按照星系的結構形狀，把它們分為：橢圓星系、螺旋星、不規則星系。在宇宙中，不規則星系的比重只占到3%，橢圓形系占17%，其他的80%都是螺旋星系。

看樣子，星系的體型和外貌也是各有不同，大概也有美與醜的區分呢。

大塊頭的群居生活

人類是最喜歡群居的動物了。很少有人獨自跑到山野裡生活，大家都不想成為人猿泰山一樣的人物，雖然很多孩子都羨慕泰山的強大力量。可是如果一個人居住，沒有了夥伴，生活一定很寂寞。

漂浮在海洋中的島嶼也是很少有單獨存在的，它們喜歡過「群居」的生活，常常是三五成群或者更多地在一起，人們把這樣的島嶼群叫做群島。

事實上，天空中的星系也一樣，除少數星系是單獨存在的以外，多數星系都在萬有引力的影響下呈「群居生活」趨勢，進而構成更大的天體系統。這些更大的天體系統，也有「高低檔」的分別，按照從小到大的順序，依次為星系群、星系團、超星系團。

通常，人們把包含超過100個星系的天體系統叫做

星系團，而把包含100個星系以內的天體系統叫星系群。當然，星系團和星系群並沒有本質的區別，它們都是星系之間以相互的引力關係聚集在一起的，唯一不同的是數量和規模上的不一樣。

以人類生活其中的銀河系來說，它屬於一個以它為中心的星系群，叫做本星系群。本星系群當然不止有銀河系，還有仙女星系、麥哲倫星系和三角星系等大約40個星系，銀河系和仙女座星系是其中最大的兩個星系。距離本星系群最近的一個星系團是室女星系團，它包含了超過2500個星系。

如今，人類已經觀測到宇宙中的星系團總數是1萬個以上，離我們最遠的星系團超過70億光年，這是一個多麼遙遠的距離啊。

除了星系群和星系團，宇宙中還有更高一級的天體系統存在，那就是超星系團。

超星系團是巨大的集合體，其中包含星系群、星系團和一些孤單存在的星系。超星系團被認為是宇宙中最大的結構，它們可能跨過了數十億光年的空間，超過了我們可見宇宙的5%呢！

也有人在此基礎上設想：既然宇宙的結構分佈可以從太陽系、銀河系、星系團到超星系團，彷彿構成了一

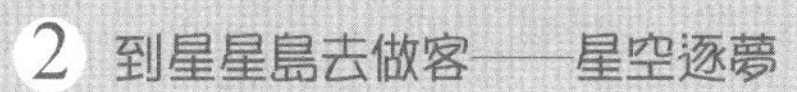

個又一個的「階梯」，那麼很可能在超星系團之上還有「超」超星系團、「超超」超星系團……

不過，這些都只是猜測，到今天為止，還沒有由超星系團組合成的大集團被發現。不過，有一點天文學家確定了，那就是，超星系團在宇宙中的數量應該在一千萬個以上。

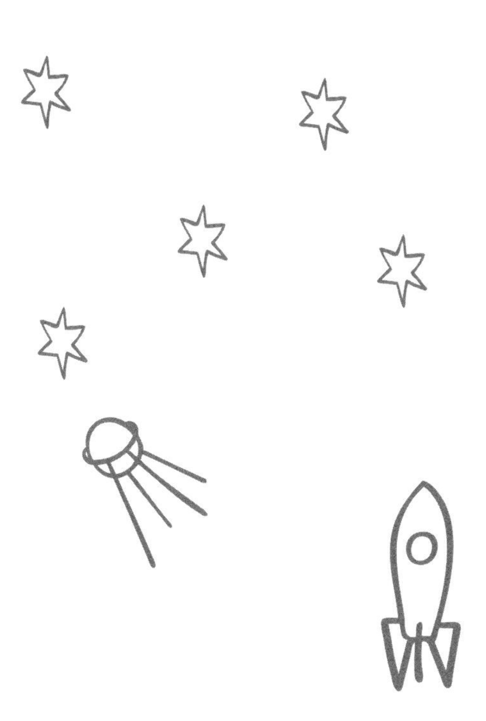

繚繞的「星星雲霧」

除了星星之外，星空裡還有什麼呢？我們之前說過，星空中除了恆星、行星等天體外，還有許許多多的看不見的暗物質。

不過，那些可以看見的物質中，還有一些類型沒有講到，比如星際氣體、粒子和塵埃，這些在「大爆炸」之後迅速散佈到宇宙各個角落的星際物質，分佈得並不是那麼均勻，在引力作用下，某些地方的星際物質會相互吸引，慢慢聚合成像天空的白雲一樣的雲團，最後形成雲霧狀的「星雲」。

星雲是怎麼被發現的呢？這可要歸功一位偉大天文學家的意外收穫。

1758年8月28日，法國天文學家查理斯．梅西耶在天上尋找彗星的時候，在金牛座附近發現了一個不會移動的彗星一樣的光斑。根據以往的經驗，梅西耶判斷這塊光斑雖然形態很像彗星，但它在恆星之間不發生位置變化，顯然不是彗星。

這是什麼天體呢？在沒有揭開答案之前，梅西耶把這類發現詳細地記錄下來。

梅西耶建立的星雲天體序列至今仍然在被使用。他的一生中有30年都在不知疲倦地尋找和研究彗星。在天文學方面，他最傑出的貢獻不是彗星，反而是那張搜索彗星時的副產品——梅西耶星雲星團列表。

1781年，梅西耶把他的不明天體記錄發表，引起了英國著名天文學家威廉・赫歇爾的注意。赫歇爾經過研究，把這些雲霧狀的天體命名為星雲。

星雲和星系不是一個概念。星雲是星際塵埃、氣體、星際分子等物質組成的雲霧狀天體；而星系是由眾多大質量恆星和其他天體以及各種星際物質構成的龐大天體系統，一個星系中常包含眾多的星雲。

在很久很久以前，由於觀測條件十分有限，人們常把看上去都是一塊亮斑的星雲與星系混為一談。當時，因為銀河外星系（銀河系以外的星系）及一些星團看起來也呈雲霧狀，因此把它們也被稱做了星雲。但顯然，這是錯誤的。

現在我們當然知道，眾多的銀河外星系是與銀河系同一級別的天體，即便是體型巨大的星雲也並不能和它們相提並論。由於歷史習慣，某些銀河外星系有時仍被稱之為星雲，例如大小麥哲倫星雲，仙女座大星雲等，不過它們可不是真的星雲，而是星系。

星雲常根據它們的位置或形狀命名，例如：獵戶座大星雲，天琴座大星雲。按照形態，銀河系中的星雲可以分為瀰漫星雲、行星狀星雲等。

星雲的質量大、體積大、密度小，一個普通星雲的質量至少相當於上千個太陽，半徑大約為10光年。這跟星系比起來，卻顯得小氣多了。

空中動物園

動物園是我們喜歡去的地方，那裡有兇猛的獅子，有強壯的大黑熊，還有憨厚的長頸鹿，懶洋洋的大駱駝……

可是，你知道嗎？我們頭頂的星空裡，也是一個宏偉的「天空動物園」，星空中的「動物軍團」十分龐大，有各式各樣的「動物」。這是怎麼回事呢？我們就來抬頭看看吧。

在晴朗的夜空，繁星滿天，人們用肉眼看到的星星，除了太陽系內的五顆大行星（水、金、火、木、土星）和流星及彗星之外，整個天空中的星星幾乎都是恆星。人類的眼睛能夠在璀璨的夜空中捕捉到6000多顆恆星的身影。

古代的人為了更好地辨認這些美麗的星星，就像畫

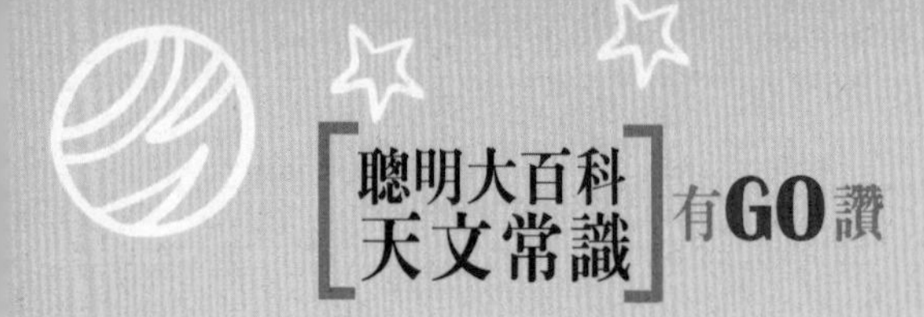

家一樣把夜晚的天空當做了一張巨大的畫布。在精心的構圖之後，他們把星星所在的天空劃分為若干大小不一的區域，並用優美的線條把各個區域內的星星連接起來，組成一個個圖形，這就是星座最初的由來。

在不同的地區和不同的文明中，星座的結構組成也各不相同，因為星座只是人們想像中的產物，所以在用線條把星星組合起來的時候，有一種隨意性。

中國給星座命名的歷史可以追溯周朝時期，大概約2800年以前；在西方，西元前3000年左右，古巴比倫人就把一些最顯著的恆星組合起來，給他們起了些特殊的名字；西元2世紀，古希臘天文學家克羅狄斯·托勒密編制出一個含有48個星座的表，他結合當時的一些神話傳說，為每個星座都起了一個形象的名字。

1928年，國際天文學聯合會通過了一個決議，把全天上的星空分成88個星座，使天空中能夠被我們看到的每一顆恆星都有了一個屬於自己的星座。

這些星座的劃分和星座的命名主要來自於古希臘文化，讓人高興的是，它們多數都是以動物的名稱來命名的。它們有：

天龍座、麒麟座、獅子座、小獅座、大熊座、小熊座、鹿豹座、豺狼座、天兔座、鳳凰座、孔雀座、天鵝

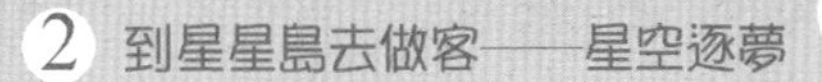

座、天鶴座、天鷹座、天鴿座、天燕座、杜鵑座、烏鴉座、鯨魚座、海豚座、劍魚座、飛魚座、雙魚座、南魚座、巨蟹座、飛馬座、小馬座、人馬座、半人馬座、金牛座、白羊座、摩羯座、獵犬座、大犬座、小犬座、天貓座、巨蛇座、長蛇座、水蛇座、天蠍座、蠍虎座、蝘蜓座、蒼蠅座等。

你看看，這樣多的動物名稱，分明就是星星的「動物世界」。我們可以把星空看做是一個「天空動物園」，每次我們仰望星空的時候，完全可以當做是在動物園裡遨遊。

會捉迷藏的星團

宇宙中大大小小的星團，它是星星的團體，跟星系團可完全是兩個概念，大家千萬不要混淆了。

星團就像一個個規模不一樣的恆星家族。有的家庭有幾百口人，差不多像個小村莊。有的家族甚至有上千上萬口人，跟一個城鎮一樣。

如果我們按照它們的成員數量和整體形態來劃分，可以大致分為兩類：一是疏散星團；二是球狀星團。

疏散星團是比較鬆散也比較年輕的恆星聚集體，通常由十幾顆到上千顆恆星組合而成，結構疏散，形狀也不規則。

這種星團中的主要成員是藍巨星，我們能夠觀察到的那些星團，由於多數分佈於銀河系的旋臂之中，因此又被稱為銀河星團。

銀河系中已經發現了大約1000多個疏散星團，它們的直徑大多都在3到30光年的範圍內。受到星際間彌散塵埃與氣雲的影響，許多遙遠的星團可能還隱匿在銀河背景中而沒有讓人發現，即使用望遠鏡，也看的模模糊糊。所以科學家們推測，銀河系中的疏散星團總數肯定非常多，大概在10萬個以上。

最典型的疏散星團是昴星團，它的直徑大約是13光年，擁有超過3000顆以上的恆星，是距離地球最近也是最明亮的幾個疏散星團之一。在晴朗的夜晚，我們可以透過肉眼觀察到其中的六、七顆明亮的星星。

希臘神話中，它們是天神阿特拉斯的七個美麗女兒，因此昴星團也被稱為七姐妹星團。

有趣的是，由於一顆星星的亮度已經十分灰暗，因此大多數人只能看到七顆星星中較亮的六顆。傳說，這是因為七姐妹中一位名叫塞麗娜的仙女深深地迷戀於塵世，最終勇敢地奔回了人間所造成的。

七姐妹星團是一個移動星團，周圍被一層稀薄的星雲包裹著，因星雲反射恆星的光能而發亮，是一個美麗的反射星雲。這種星雲可能是恆星形成初期所殘留的星際物質，也可能是七姐妹星團運動過程中所吸附的塵埃與氣雲。

科學家們大膽預測，大約6000萬年之後，七姐妹星團會因為自身的運動而超出我們的視線之外，跑到不知道什麼地方去了。再經過10億年的時光洗禮，由於星團結構的過於鬆散，七姐妹星團可能就會不再存在。

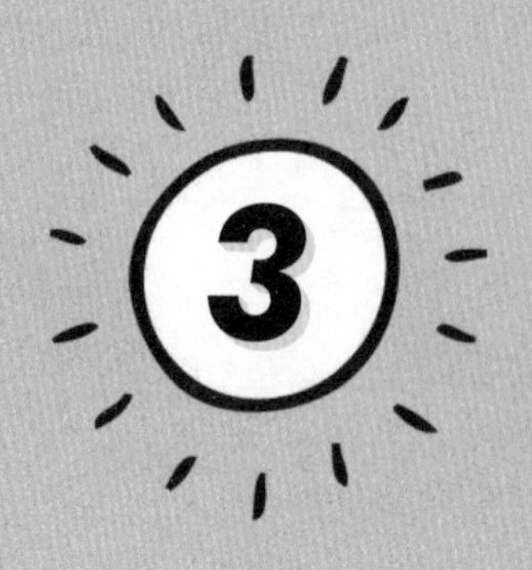

超越時空的界限——走進時間隧道

飛快的時間和無限的空間

洗手的時候，日子從水盆裡過去；
吃飯的時候，日子從飯碗裡過去；
默默時，便從凝然的雙眼前過去。
我覺察他去的匆匆了，伸出手遮挽時，
他又從遮挽著的手邊過去，
天黑時，我躺在床上，
他便伶伶俐俐地從我身上跨過，從我腳邊飛去了。

這是作家朱自清在散文《匆匆》裡的一段話，描寫時間在水盆、飯碗、身上、腳邊像泥鰍一樣溜過，永遠都是馬不停蹄地匆匆前進，任誰出手挽留都會在指縫間飛走。

每當我們發現太陽東升西落，樹葉綠了又黃，鏡子

中的自己一天天長大，都能感覺得到時間的如水流逝。

什麼是時間呢？應該說，時間是用來描述物質運動過程或事件發生過程的一個參數，它是一把尺，或是一個度量衡。

人類從誕生起就感受著白天和黑夜的輪換，於是就確定了一天的時間；認識到地球繞太陽一圈的365天，於是就有了一年的概念。

簡單地說，時間的基本作用是為了對各種事物的先後次序進行比對。例如，以耶穌誕生的年份作為西元紀年的開始，以運動場上發令槍的聲音作為某項比賽的開始。時間的另一個作用是為了計時，例如，宇宙、地球多大年紀？我們一天要學習多長時間？

當你還是一個繈褓中孩子的時候，爸爸媽媽會把你安置在一個充滿愛意與溫馨的小搖籃裡。隨著時間的流逝，你漸漸地長大了，小小的搖籃也已經容納不下你的身體。於是，你有了一間屬於自己的小屋和一張寬大柔軟的床。後來你開始長大成人，並有了自己的新家——一間大大的房子。現在你終於明白我想要說什麼了，沒錯，從小小的搖籃到一所大大的房子，你所感受到的變化就是空間。

在天文學中，與時間、空間概念密切相關的是物

質、能量的概念。天文學家認為，時間、空間、物質、能量，這構成了一個無懈可擊的整體，也就是我們所說的「宇宙」。

比起時間和空間，物質和能量的概念更容易理解。我們每天吃的食物，看的書，住的屋子，甚至你自己，都是物質或者說是由物質構成的，天地萬物都可以籠統地稱之為物質；燒開水時的蒸汽、水壺下的火苗都是碰不得的，因為它們會灼傷我們的身體，在這裡我們能夠感受到的熱便是能量的一種表現形式。

當然，時間、空間、物質和能量的內涵遠比我們感受中的要複雜得多，更多的祕密，需要我們掌握更多的知識才能知曉。

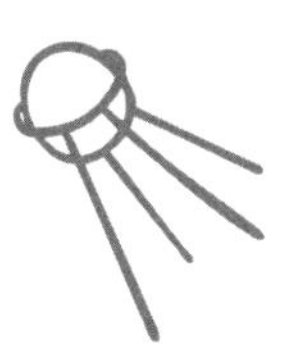

穿越時空飛到過去和未來

「我想乘坐這架機器去時間裡旅行。」

1895年，當這句話出現在英國作家威爾斯的小說《時間機器》中時，所有人都被這個「時間旅行」的概念嚇呆了。

在時間裡旅行？前往過去和未來？這太不可思議了！事實證明，這個不可思議的想法很有可能實現。

《時間機器》發表之後，描述時間旅行的作品層出不窮。

在動畫片《哆啦A夢》中，哆啦A夢機器貓用寫字台的一個抽屜往返於過去未來中；電影《超時空效應》中，主人翁用一個房間當時光機器，回到20多個小時前拯救受難的人們；在電影《哈利波特》中，哈利和朋友們使用魔法棒和咒語跑到另一個時間裡去拯救他人。

當然，各式各樣的科學幻想並不能代表真正的科學理論，人們更關心的是，時間旅行是否真的存在？我們到底能不能前往未來或者回到過去？

從前人們一直認為，時間是不可逆轉的，過去的時間永遠不可能再回來。

但傑出的物理學家愛因斯坦「相對論」提出後，徹底顛覆了人們的時間觀念，並把「時間旅行」的可能性納入科學討論的範疇。

愛因斯坦認為，我們感知到的時間其實是相對的、可以伸展和收縮的、視觀察者移動多快而決定的。愛因斯坦還提出光速不變的假設，認為一切物質的運動速度都無法超越光速。

也就是說，假設一個人的運動速度接近或達到光速，那麼相對應而言，時間就會變慢或靜止。

這太讓人振奮了！由相對論，人們意識到：時間旅行是可行的。當我們以接近光速移動時，時間將變得緩慢；和光速一樣的速度移動時，時間就會靜止不動；而以超越光速的速度移動時，時光將會倒流，就會回到從前去。

為印證這一點，科學家把高度精確的原子鐘放在飛機上繞世界飛行，結果證實：飛機上的時鐘走得比實驗

室裡的慢。也就是說，運動速度變快時，時間確實變慢了。那是不是就意味著，或許哪一天，真的有超光速的物質存在，我們依託它就可以回到過去了呢？

現在我們知道，理論上講，時間旅行是可行的；可實際上，要實現時間旅行的話，科學家還需要做很多努力。

不過，一些神祕莫測的事件卻似乎預示著時間旅行早已存在於我們的世界中。

1966年1月，從阿魯巴島出發的帆船「尤利西斯」號在百慕達三角神祕失蹤，卻於1990年突然出現在委內瑞拉的一處海灘上，船上的三名水手年齡和生理狀況竟然跟24年前毫無差別！

同樣在1990年，一架1955年在百慕達三角海區失蹤的飛機完好無損地出現在了原定目的地的機場，按時間計算，機上的飛行員年齡已經77歲了，但他看起來只有40歲！

似乎在我們不知什麼因由的情況下，時間旅行已悄悄地發生了。

有的科學家認為，物質周圍的時空在某些情況下會出現扭曲現象，進而將物質帶到別的時空，這些離奇消失和再現的人或許就是這麼來的。

無論怎樣，隨著人類科技水準的提高，我們總能弄清楚這些神祕事件背後的真相，如果那確實是時間旅行，或許就能因此掌握時間旅行的奧祕。

然後，我們便可以欣喜若狂地前往過去和未來，進行一場時間旅行呢。

時間旅行真難辦

有一個非常有趣的故事：

一位理髮師在一個村莊裡掛了一塊招牌：「我只給村莊裡不為自己理髮的人理髮」。

有一天，一個過路人在看到這塊招牌之後，微笑著問他：「您是否為自己理髮呢？」

理髮師頓時無言以對。

理髮師如果回答說不為自己理髮，那麼按照招牌上的說法，他就應該為自己理髮；而如果他回答為自己理髮，那麼他就屬於為自己理髮的那類人，可招牌上明明說他只為不為自己理髮的人理髮，這不是等於砸了自己的招牌嗎？就這樣，理髮師陷入了一個兩難的矛盾境地。

還有一些人，也陷入了理髮師這樣的矛盾境界呢！自從愛因斯坦的相對論出現之後，讓許多熱愛幻想的人欣喜不已，他們感到時空旅行似乎一下子變成了一件容易的事情，相信只要能造出時光機器，就可以毫不費力地穿越未來或回到過去。這就再也不用擔心自己會做錯任何事情，因為只要能夠不斷地回到過去改正錯誤，或穿越未來提醒那時候的自己，就可以使人生完美無缺。

然而，時空旅行並不是沒有一點問題的。我們來做一個假設：一個人在某一時刻回到了過去，他遇到並造成了意外，使當時的自己死去。那麼，在他進行時空穿梭前的時間節點上，他還能夠存在嗎？假如存在，「他曾回到過去」這個說法便不能成立；假如不存在的話，「他曾回到過去」同樣不能成立，因為始終就沒有「他」這個人的存在。不論你怎麼解釋，都會是一個糾纏不清的矛盾。

為了解決這個矛盾對人們的困擾，俄羅斯宇宙學家諾維科夫做了一個比喻：在正常情況下，我們不能夠站在薄薄的天花板上行走，因為重力定律這只無形的手不允許我們這麼做；當我們試圖回到過去或穿越未來的時候，也有類似的一隻手來阻止我們。

諾維科夫說的意思是：前去未來或者回到過去當然是可行的，但有一種神祕的東西會阻止你。

還有人提出了「多世界理論」。按照這個理論，就

是存在著我們沒有認識到的多個平行宇宙，一個人可以透過時空穿梭來往於不同的世界，也許在另一個世界裡，有你的前生或者有你的未來呢！

看來，時空旅行並沒有我們想像中的那麼好玩，說不定還會在不經意中給自己惹上麻煩。

今天看到的，其實是過去

我們現在從望遠鏡中看到的宇宙，就是當前這一時刻的宇宙景象嗎？

答案是否定的。

此時此刻，你從望遠鏡中觀測到的宇宙，其實只是它過去的樣子，至於它此時此刻到底發生了什麼，我們無法知道，那是將來的人看到的情景，早就不能為你所掌握啦！

望遠鏡，其實就像是一台時間機器，把我們帶入了宇宙的過去，我們觀測的距離越遙遠，看到的宇宙景象就越古老。

試著想一下吧。宇宙中的長度單位是光年，在真空中，光一年傳播的距離可以達到9.5萬億公里。按照這個速度來看，從太陽到地球，光只需要行走不到8分鐘的

時間。也就是說，如果此刻我們看到了太陽光，那麼這束光其實是太陽8分鐘之前就發出的。同樣的道理，地球距離半人馬座A星的距離是大約4.22光年，因此我們此刻看到的半人馬座A星是它4年多以前的影像。如此一來，我們看到的，不就是過去的宇宙嗎？

當然了，幾年的時間，與那麼多恆星幾百億年的生命歷程相比是微不足道的，但宇宙中多得是距離我們幾百萬光年、幾千萬光年甚至是幾億光年的天體。當我們從望遠鏡中看到它們的時候，事實上從它們上面發出的光線已經在宇宙中傳播了幾百萬年、幾千萬年甚至幾億年。

也就是說，我們現在從望遠鏡中看到的天體的景象，其實已經過去了很長很長的時間，甚至我們看到的一些恆星，很可能早就在茫茫宇宙之中消亡了。

另外，也可能有一些恆星已經消亡了，但從它上面傳出的光線還在浩瀚的宇宙中不斷傳播，遠遠沒有到達地球呢。

對天文學家來說，推斷宇宙的過去和未來，弄清楚生命起源和宇宙起源的奧祕，是終極目標。而人的壽命不過數十年，有人類存在的歷史也不過幾十萬年或數百萬年，跟已經存在了至少130億年以上的宇宙相比，簡

直不值一提。

我們無法像觀看春天樹開花、秋天樹結果一樣，目睹、觀察一顆恆星的完整生滅過程，更無法由此來得出更多有用的關於宇宙的資訊。

所以，觀察這些離我們超級遠的星星，甚至是已經消亡的星星，等同於在研究宇宙的過去，它可以幫助人類更好地探尋天體是如何進化的，並由此得出宇宙誕生之初的某些資訊。

所以說，要瞭解宇宙的過去，只要觀測更遠的天體就可以了。當然，這一目標的實現要依賴於人類不斷發展的科技水準，依賴於不斷被改進的望遠鏡等發達儀器。

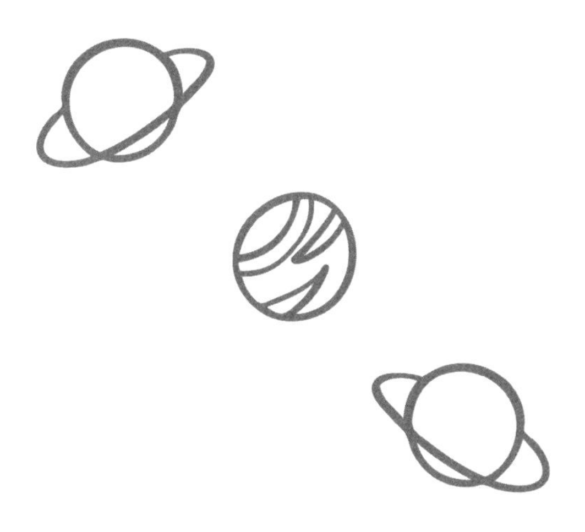

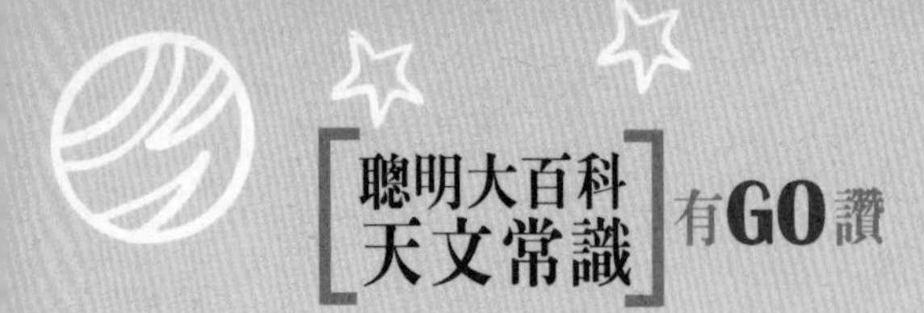

捕獲一切的終極殺手

在科學幻想的神祕王國裡，黑洞是一個經常被提起的詞彙。那麼，誰是第一個說出「黑洞」的人呢？

那就是美國科學家約翰・惠勒。他在1969年第一詞提出了「黑洞」一詞用來取代從前的「引力完全坍縮的星球」這一說法。

引力完全坍縮的星球為什麼被叫做「黑洞」呢？原因就是，連光都會被這樣的星球所捕獲。

天哪，我們每天見到的光明難道在黑洞面前也要投降嗎？

早在18世紀末，一位名叫約翰・蜜雪兒的英國天文學家就描繪過一種非常奇特的天體：「一個質量足夠大並且密度足夠大的恆星，會有非常強大的引力場，甚至連光線都無法逃逸！」

任何從該恆星表面發出的光，在還沒有達到遠處的時候，便會被恆星的引力吸回去。我們雖然看不到它，但如果我們一點一點地向它靠近，就會發現時間的流逝正在逐漸地減慢，並最終定格在某一個點上，不再向前。

這將會是一種絕無僅有的神祕體驗，如果你繼續向前，就會被這個完全黑暗的天體在一瞬間吸附到它的肚子裡去。

假如你還有幸活著，就會發現手錶上的指標全部都在逆時針倒轉。天哪，這就是傳說中的時光倒流嗎？

不過你不要高興得太早，因為當這一切真的發生的時候，可憐的你說不定早就已經被某種不知名的強力壓成肉餅了。

在人類對於時間與空間的認識還十分薄弱的時代裡，科學家們不願意承認蜜雪兒所說的這種天體的存在，也不願意把精力浪費在這種類似於無稽之談上面。但對於它的討論在沉默了大約半個世紀以後，又被一位德國物理學家往事重提。

這位名叫卡爾．史瓦西的德國人，在1915年的《普魯士科學院會議報告》中看到了愛因斯坦剛剛建立的廣義相對論。他被愛因斯坦的理論所深深吸引，隨後進行

了一系列的研究。

史瓦西在研究中提到了一種有著奇異性的「魔球」。任何物體在「魔球」的面前都將被無情地吸附進去，光線也不例外。這種在相對論模型中得到的「魔球」，實際上就是對蜜雪兒所說的黑暗天體的重提。後來，美國物理學家約翰・惠勒為這種天體取了一個被人們沿用至今的名字——黑洞。

黑洞究竟是什麼？這是一個至今仍讓許多天文學家感到頭疼的問題。我們沒有辦法透過直接的觀測而發現它的存在，即便是在理論的研究上，也沒有辦法完全確定它的性質和形態。它就像一個隱形的怪物一樣，困擾著一代又一代追求真理的人。

時空隧道你是誰

當我們打開故事書或者歷史書的，總是會心潮澎拜，特別是看到那些關於戰爭的描述。

戰敗的人如果是我們心中暗暗支持的一方，立刻回覺得心中沮喪。你會常常這樣想：如果我是那個將軍，我一定要反敗為勝。

也許你真的比那個失敗的傢伙聰明百倍，但遺憾的是，歷史終究不會因為假設而發生改變。

假如有人告訴你，世界上真的存在能夠讓人自由往來於時空之間的隧道，你會相信嗎？只要找到這樣的時空隧道，你就能自由地穿梭於古代與未來之間，自然也就能夠回到過去，幫助那個愚蠢的將軍識破敵軍的詭計，扭轉敗局，進而讓歷史改寫。

提起時空隧道，人們幾乎不約而同地想到了黑洞。

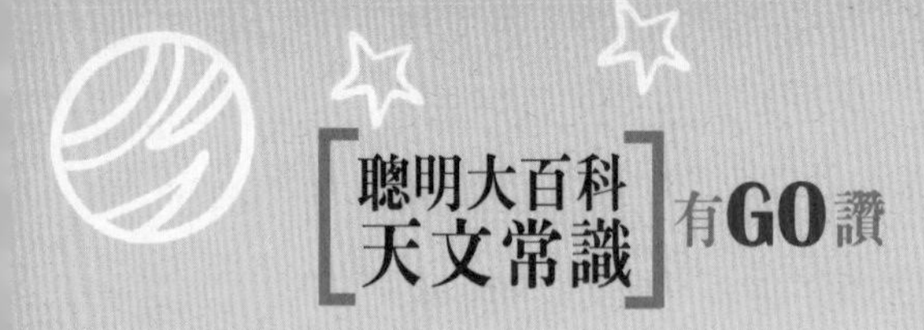

它們實在是一種令人超乎想像的天體，不論什麼物質，一旦被它們吸入腹中，就再也不可能被人們重新發現。但黑洞真的只是一個封閉的系統嗎？在黑洞的那一頭會不會有著另外一個不為人知的世界呢？

一些科學家也認為某些黑洞可能就是連接著兩個不同世界的時空隧道。宇宙中的大多數星系都有著一個質量很大的黑洞中心，這似乎並不僅僅只是一個巧合，而是有著一定的合理性。或許各個星系中的巨大黑洞正是通往其他宇宙空間的隧道或者叫做橋梁。

然而問題的關鍵並不在於黑洞究竟是不是時空隧道，而在於我們有沒有可能從黑洞中活著穿過。因為你很有可能剛剛被捲進黑洞，就已經變成一份滾燙的義大利麵條了。

在那些充滿科學幻想的文學作品中，主人翁所乘坐的飛船經常會碰到一些九死一生的險境。然而就在代表正義的飛船將要被壞蛋們毀滅的時候，英雄的船長總會冒著危險打開一個時空之門，使飛船與隊員們迅速地從中逃離。但打開時空之門不僅會耗盡飛船的所有能量，還有可能使飛船在失去能量保護的情況下遭受到時空風暴的重創。

船長打開的時空之門其實就是一個微型黑洞，而想要製造出一個可供巨大的太空船逃跑的黑洞，所需的能量是異常巨大的。這其實就相當於讓飛船做了一次光速飛行。

按照愛因斯坦的能量計算公式，即使想要一個小質量的物體做光速運動，所需要的能量也會是一串令人暈眩的天文數字。

即便有一天我們徹底解決了太空船的能源供應問題，讓飛船做光速運動仍然不是一件容易的事情。人們很難想像出究竟要什麼樣的材料，才能夠承受住光速飛行中產生的各種壓力。

讓我們再回到那個故事中去，船長在迫不得已的情況下集中飛船最後的能量製造了一個微型黑洞。飛船通過黑洞穿越了時空，正義的一方最終化險為夷……

但故事畢竟只是故事，事實上，在沒有足夠能量的情況下輕易進入黑洞，不但無法使飛船脫險，還會直接將飛船葬送在黑洞的漩渦裡。

看來，想要馴服黑洞並把它們當做時空穿梭的工具似乎真得是一件不太可靠的事情。於是有人另闢蹊徑，認為每一個黑洞當中都可能包含著一個不一樣的宇宙。我們所在的這個宇宙也存在於某個巨大的黑洞之中，連接不同宇宙時空的隧道也是黑洞。

黑洞似乎有點忙不過來了，在充當時空隧道的這件事上，它的興趣顯得並不是很大。要讓這種壞蛋主動去幫助人們完成心願，實在是不太容易了。

現在，如果面前真得出現了一個黑洞，要不要進去一探究竟還真是一件值得思考的事情，畢竟誰也不想為了一次不太可靠的時空旅行，就白白地丟掉自己的性命。

黑洞的孿生兄弟

提到瑞士，你首先會想到什麼呢？全世界最好的手錶？高高的雪山？

假如你有一天能夠去那裡，你應該去日內瓦城看一看那裡的著名人工噴泉。在沒有風的日子裡，噴泉能夠達到140公尺的高度，而停留在空中的高大水柱則9噸之重。那場面真壯觀。

實際上，宇宙中很可能也存在著這樣壯觀的「噴泉」，只不過它們噴射出來的不是水，而是高能物質。與黑洞的貪婪吝嗇完全相反的是，這種被稱為「白洞」的宇宙「噴泉」，慷慨得似乎有些過分。

它們雖然也透過巨大的引力把附近的氣體、塵埃以及能量儲存在自己的周圍，但卻從不允許這些物質進入「洞內」。

科學家們假設白洞真實存在，它是與黑洞相對而言的「假想」天體。因為有能夠不斷「吸」的黑洞，就相對會有不斷「噴」的白洞。

白洞能夠不斷地把內部的物質噴射出來，看上去既像一個巨大的噴泉，更像一座隱形的火山。噴湧而出的物質流，會與白洞外面的物質發生激烈的摩擦和碰撞，這個過程中所釋放的能量，會比黑洞偷盜搶劫其他天體物質時所產生的能量還要高得多。

如果白洞噴射出來的是大量的反物質，那麼當這些反物質與外面的物質相遇時，就會發生大湮滅。

從外形上來看，白洞有著與黑洞相似的封閉結構，就像是黑洞的一個孿生兄弟。但這兩個兄弟的性情卻有著巨大的差異，黑洞十分貪婪，連一絲光線都不肯放過；而白洞似乎有著某種天生的潔癖，絕不允許任何物質進入自己的體內，連光也會被排斥在外。

白洞雖然也有著像黑洞一樣強大的引力場，但卻僅僅只是將附近的物質吸附成一個環狀結構，它並不從中攝取物質，相反還會不斷地向外釋放物質。不論是什麼樣的物質都只能從白洞中向外運動，而不可能從外面進入到白洞之中。

物質只能從黑洞進入，而無法再從中逃出，白洞卻做了與黑洞完全相反的事情，這可真有意思。它們是如此驚人的相像，卻又有著本質上的不同。

黑洞的物質與能量來自於對其他天體的貪婪吸附，白洞的物質與能量又來自於哪裡呢？

所有的天體都不可能在沒有物質來源的情況下，永遠保持像白洞那樣高強度的自我犧牲，因為再巨量的物質儲備也終究會有被耗盡的一天。

於是，人們就在大膽猜測，白洞的能量會不會來自於黑洞呢？依靠著黑洞所吸取的物質，白洞不就可以源源不斷地向外輸送能量了嗎？假如真得是這樣的話，黑洞與白洞就可能組成了一個相互聯通的結構，就成了連體兄弟了。

黑洞會將吸收來的物質，從它所在的宇宙中傳遞到白洞所在的另一個宇宙之中。也就是說，宇宙中有多少個黑洞，就應該存在著相同數量的白洞。當物質被黑洞吸入之後，會很快從白洞中被釋放到另外一個宇宙空間之中啦。

不過，這些都只是猜測而已。白洞實際上是人們的假想出來的，目前並沒有直接的證據可以用來證明它的存在。

再者，黑洞是大質量天體劇烈坍縮的產物，最終會

存在一個理論上無限緻密的奇點。就像一枚硬幣的兩面一樣，白洞其實是對黑洞的一種反演，它也存在著一個類似的奇點，但卻和黑洞做著完全相反的運動。

承認黑洞存在的人，都明白黑洞是從無到有的；那麼如果白洞存在的話，應該也是從無到有的，可是它又是怎麼來的呢，是什麼原因讓它毫不吝惜地噴射物質呢？在研究這些時，我們又將陷入矛盾。

看樣子，宇宙留了很多祕密給現代的人來揣摩呢！

宇宙送給人類的藍色城堡——地球的祕密

地球從哪裡來

在很久很久，人們只能待在大地上，於是便覺得大地宇宙的中心，太陽、月亮、星辰都附屬大地，是為大地照明供暖的。

人們瞭望大地，它就像個碩大的板子，高山大河都擺放在上面，大海的水也不會淌落下去，這太神奇了。因為總是想不出誰有如此的能力造出這樣大的一個板塊或者是圓球，於是人們就把功勞歸給了上天的大神。

中國古代就有盤古開天地的說法；西方更有上帝創造大地的說法，一個叫厄謝爾·詹姆斯的人還推算出了大地被創造的時間——西元前4004年10月26日上午10點鐘。這個時間如此精確，真讓人無法理解厄謝爾是怎麼推算出來的。

波蘭天文學家哥白尼提出了日心說，他認為萬物以

太陽為中心，地球也不例外。人們逐漸認為哥白尼的說法是正確的，在這個基礎上不斷深入探索，提出了許多地球生成的假想：

十八世紀，德國哲學家康得提出一種叫「星雲說」的假設。他說，幾十億年前，太陽系只是一團充滿氣體和宇宙塵埃的星雲圈。它不斷運動轉化，在中心生成了太陽雛形，接下來太陽周圍宇宙塵埃像滾雪球似的運轉碰撞，形成了地球胚胎。胚胎經過不停歇運轉，體積增大的同時溫度升高熔化。

後來在重力作用下，最重的物質沉降到最深處形成地核，較輕的物質緊靠地核形成地幔，最輕的物質在地幔外面形成地殼。

1900年，美國天文學家莫爾頓和地質學家錢柏森提出了「星子假說」。他們認為「星子」是一個繞著固體旋轉的小固體。當某個恆星接近太陽時，因相互吸引的作用，一些氣團被從太陽內部拋出來，一部分隨恆星遠去，一部分受太陽的引力作用繞太陽周圍旋轉，形成自己的軌道。氣團的溫度慢慢冷卻後，變成了液體，漸漸又形成固體顆粒。這些顆粒就是他們假說中的星子。這些星子最後聚在一起，形成行星，地球就是其中一顆。他們認為，太陽系的隕石就是星子的代表，它們是沒有

形成行星的星子。

法國的博物學家布豐曾提出了「相撞說」。他認為，幾十億年前，太陽和彗星發生碰撞，使大量物質分離出來。這些物質慢慢冷卻形成行星，其中一個就是地球。

地球的形成假說還有許多。比如有人提出「兩個太陽假說」，其中一個太陽被路過的一顆恆星撞壞了，形成了眾多的行星，地球就位列其中。

也有人提出了「宇宙塵埃說」，認為太陽系最初是宇宙塵埃和氣體組成的一個巨大的圓盤狀煙雲。

煙雲不斷旋轉，塵埃和氣體逐漸密集，其中，固體分子相互碰撞，粘合起來形成行星，地球就是粘合起來的行星。煙雲的中心形成了太陽。

地球的起源假說眾多，但因侷限於各種條件，哪一種設想也拿不出切實的證據。大概這還需要新的偉大的天文學家出現，來告訴人們地球是如何產生。或許，那位偉大的天文學家就是你呢！

「母親」年齡有多大

地球是一位偉大的母親，它養育著人類和各種動植物，江河湖海、崇山峻嶺也是它的孩子。它默默地無私無怨地長久付出著，人們愛戴它，希望知道它走過的歷史，總想對它的年齡一探究竟。這是很正常的，哪一個人不想知道媽媽的年齡呢？

人類有文字記載的歷史只不過幾千年，假如追溯到人類的最早出現，也不過200多萬年，這和地球的年齡比較，顯得微不足道。那麼，年輕的人類是否已經無法知道地球的年齡了？

當然不會，聰明的人類想到了各種科學方法揭曉「母親」的年齡。最早嘗試用科學方法探究地球年齡的是英國物理學家哈雷，他提出透過海洋裡海水的鹽度來推算地球的年齡，海水就是「計時器」。

河流不斷地把鹽送入海中，人們把海水中現有鹽分的總量做被除數，把每年全世界河流帶進海中的鹽分的數量做除數，這麼一除，就知道了地球的年齡是9000萬年至3.5億年。這個數字肯定不準確，因為，每年河流帶進海中鹽分的多少是不一樣的。

後來，人們又在海洋裡找到了另一種「計時器」，這就是海洋中的沉積物。據估計，每3000年至10000年，海底可造就1公尺厚的沉積岩，地球上各個時期形成的沉積物大約有100公里厚，算起來形成這些沉積物大約用了3億年至10億年。

除此之外，人們還採集冰層來探求地球的年齡。但這些方法總還有一些不足之處。看來，必須有一種穩定、可靠的天然「計時器」，才能比較準確地計算出地球的年齡。

20世紀，科學家們終於發現了測定地球年齡的最佳方法——同位素地質測定法。

在地殼岩石中，微量的放射性元素普遍存在，在自然條件下，放射性元素會自行衰變（釋放能量的過程），變成其他元素。一些元素的衰變速率非常穩定。只要我們找到岩石中某種現存放射性元素的含量和衰變後分裂出來的元素含量，以及它們各自的衰變速率，就可以計

算出岩石年齡。

根據這種辦法，科學家們測出最古老的岩石大約有38億歲。不過，38億歲的岩石是地球冷卻形成堅硬的地殼後保存下來的，也還是無法代表地球的年齡。

那麼，地球的年齡到底是多大呢？20世紀60年代以後，科學家們透過測量和分析隕石年齡以及取自月球表面的岩石標本，發現大多數隕石和月球的年齡都在44～46億年之間。根據這一發現，科學家們推測出地球的真實年齡是46億歲左右。

沒想到吧，我們生存的地球竟是如此的古老！

像雞蛋的地球

生活在現代社會的你，肯定知道我們的地球是個橢圓形的球體，就像一個比較圓的雞蛋。但在很久以前，人類可不知道地球是橢圓形的。

那時候，人類的活動範圍很有限，無法看到地球的全貌，所以不同地方的人們對地球的形狀有著不同的認識。例如，中國古人認為天是圓的，地是方的；而古巴比倫人則認為地球是一座馱在海龜背上的山。

地球是一個球體的概念最早是在古希臘出現的。古希臘人認為，球體是幾何圖形中最完美的形狀，人們生活的大地就是完美的球形。

西元前350年左右，古希臘哲學家亞里斯多德透過觀察月食，根據月球上地影是一個圓形的現象，第一次科學地論證了地球是個球體。

到了16世紀，葡萄牙航海家麥哲倫完成了人類歷史上第一次環球航行，確切證實了地球是球體。不過，這個球體是純圓的還是圓扁的，當時的人們還是無法準確判斷。

17世紀末，英國科學家牛頓經過研究後認為，地球應該是一個赤道略為隆起、兩極略為扁平的橢球體。18世紀30年代，法國派出兩支考察隊，分別在赤道和北極附近進行測量，證明了牛頓的推測。

最早測量出地球大小的是古希臘天文學家艾拉托斯特尼，他計算出地球的周長約為39600公里，這與地球一周的實際長度只差475公里。可見那時候的人已經非常聰明了，就連我們在現代都無法自己親自去測量呢。

隨著科技的進步，現在人們可以利用人造衛星給地球拍照片，可以搭太空船或太空梭進入太空。透過這些途徑，人們精確地測量出了地球的形狀和大小：

地球是一個赤道處略為隆起，兩極略為扁平的球體，赤道半徑為6738.14公里，周長為40075公里，極半徑為6356.76公里。很明顯地，比起像皮球，地球更像一個比較圓的雞蛋。

走進地心去旅行

地球內部到底是什麼樣子呢？如果想知道我們生活的地球裡面是什麼樣子，那該怎麼辦呢？

地球內部的結構我們肯定無法直接觀察到，因為那裡面實在太熱了，可以把我們烤成焦馬鈴薯。

不過，在19世紀中期到20世紀初期，有關地震波的研究為人們探索地球內部的奧祕提供了有力的支援。

1910年，南斯拉夫地震學家莫霍洛維奇意外地發現，地震波在傳到地下33公里處時，存在一個不連續的跳躍。他認為，這裡可能存在著一個地殼和地殼下面不同物質的分介面。

1914年，德國地震學家古登堡發現，在地下2900公里處，存在著另一個不同物質的分介面。

後來，人們就把這兩個面分別命名為「莫霍面」和

「古登堡面」，並根據這兩個面把地球分為地殼、地幔和地核三層。

地殼與地幔以「莫霍面」為分界，地幔與地核之間則以「古登堡面」分隔。

如果把地球比做一個雞蛋，那麼最外部薄薄的地殼就好比蛋殼，裹著蛋黃的蛋白就是地幔，位於中心部位的地核就是蛋黃。

地殼是地球的固體外殼，厚度很不均勻，大陸地殼平均厚度約為30多公里，而海洋地殼厚度僅5～8公里。根據研究，地殼包括兩層：上層是花崗岩層，它構成了大陸的主體，下層是連續的玄武岩層。

地殼的下面一層是地球的中間層——地幔，位於「莫霍面」和「古登堡面」之間，厚度為2900公里。地幔是地球內部體積最大、質量最大的一層。

地幔的下面是地核，平均厚度約3400公里，由鐵、鎳等元素組成，溫度超高，約有4000℃～6000℃。

它是地球的核心部分，占整個地球質量的31.5%，體積占整個地球的16.2%。而且密度非常大，即使最堅硬的金剛石，在這裡也會被壓得像黃油一樣軟。

如果是像地球一樣有著高溫內心的雞蛋，你一定不敢咬下去的！

地球可以像氣球嗎

隨著時間的推移，就算我們不想長大，身體也會不受控制的慢慢變高，變大。那麼地球呢？它會不會也變得越來越大呢？這種擔心還真是有必要呢。

雖然目前我們還不能找到地球是否在變大的準確答案。但是，它在不停地變化著卻是事實。

例如，中國長江口的崇明島就是從水裡「長」出來的，它由江水中所夾帶的泥沙慢慢淤積而成；許多建築著高樓大廈的大城市，在許多年前也是在魚類悠遊的海平面下。地球的日新月異，告訴我們它終將會慢慢改變。

不過，地球究竟是會變大，還是會變小呢？科學家們對此可是很感興趣，提出了各色各樣的研究觀點：

有些科學家認為，地球本來是從太陽分裂出來的，剛開始也是一團熾熱的熔體，經過相當一段時期的冷凝後，就收縮成現在的地球了，既然是收縮而成，當然仍是在縮小。有些科學家對阿爾卑斯山作了調查後，推斷地球現在的半徑比2億多年前（即阿爾卑斯山開始形成時）縮短了2公里；也就是說，地球的半徑每年大約縮短了1公厘。

又有的人說，依據阿爾卑斯山的情況，還可以給整個地球的發展得出正確結論：地球的形狀和大小的變化是複雜的，比如現在人們還發現沿赤道一帶，地球的半徑有加長的痕跡，他們認為這是因地球自轉產生的離心力的影響。

也有相當一部分人認為地球一直以來就在膨脹，因為它把本來包住整個地球的大陸撐裂了。現在這些裂縫還在加寬，說明地球還在繼續膨脹，但是膨脹的真正原因，他們還沒說得非常清楚。有的人認為這種膨脹是因為地球的引力在大量的減少；也有人認為這是地球內部本身放射性物質因散熱而引起的。

另外有些人說，地球是由宇宙塵埃堆積而成的，這種塵埃還在不停地向地球上聚集，經常有隕星落到地球上來，據科學家計算，一晝夜間進入地球大氣中的塵埃，大約會有10萬噸之多；而地球上的大氣層物質也在不停地向宇宙太空散失，不過他們的數量非常微小。這

樣相比之下是吐少納多，地球應該是慢慢長大。

地球的形狀是在長大、還是在縮小呢？目前還是一個謎，這個問題相當複雜。

不過，不論是哪一種看法，都可證明地球的形狀和大小是在不停地變化著的，就像一個氣球，可以被吹大，也會因為漏氣而慢慢變小。

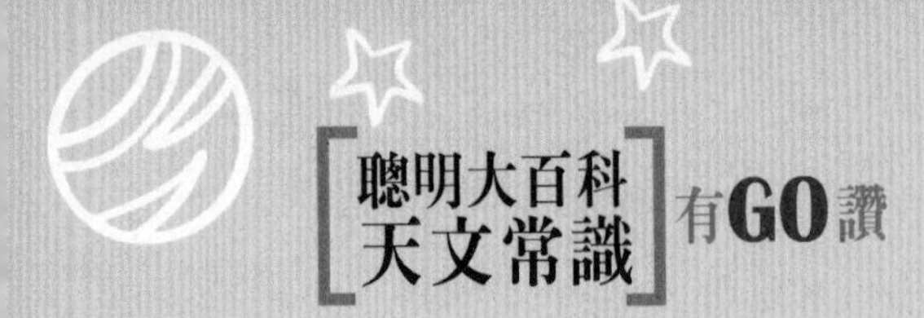

不知疲倦的地球

地球就像一個不停旋轉的陀螺般日夜旋轉，要是你有一個陀螺可以像地球一樣終日不停歇的運動，那一定會成為世界上最神奇的事情。

在很久以前，人們認為地球是不會轉動的，其他天體都在圍繞地球旋轉。後來，有人證明瞭這一事實。

1851年，法國物理學家讓·傅科在巴黎一個圓頂大廈大廳的穹頂上，懸掛了一條67公尺長的繩索，繩索的下面是一個重達28公斤的擺錘，擺錘的下方是巨大的沙盤。

每當擺錘經過沙盤上方的時候，擺錘上的指標就會在沙盤上面留下運動的軌跡。按照當時人們生活的經驗，這個碩大無朋的擺錘應該在沙盤上面畫出一條軌跡。

但是，人們驚奇地發現，傅科設置的擺錘每經過一

個週期的震盪，在沙盤上畫出的軌跡都會偏離原來的軌跡（準確地說，在這個直徑6公尺的沙盤邊緣，兩個軌跡之間相差大約3公厘）。由此，人們開始認識到，地球是一個不斷轉動的球體，每一分每一秒都在繞著地軸旋轉。

這就是著名的傅科擺錘實驗，這個實驗有力地證明了地球是繞著地軸不停旋轉的，這就是地球的自轉。

地球自轉的方向是自西向東的，自傳一周需要的時間約為23小時56分。從地軸北端或者北極上空觀察，地球呈逆時針方向旋轉；從地軸南端或南極上空觀察，地球呈順時針方向旋轉。正是有了地球的自轉，我們才能看到晝夜更替、日月星辰東升西落等自然現象。

地球在自轉的同時，還繞著太陽公轉，地球公轉的路線叫做公轉軌道，它是近似正圓的橢圓形軌道，太陽位於這個橢圓的一個焦點上。

每年1月初，地球運行到離太陽最近的位置，這個位置稱為近日點；7月初，地球運行到距離太陽最遠的位置，這個位置稱為遠日點。

和地球自轉方向一致，地球公轉的方向也是自西向東，從北極上空看，地球沿逆時針方向繞太陽運轉。地球公轉一周所需的時間約為365.25天。

或許，地球上最勤勞的人跟地球比起來，也要甘拜下風，地球可是每天每夜無時無刻都在運動，一分鐘都不肯停歇呢！

一輩子不見面的白天和黑夜

旭日東昇時，白晝的一天開始；夕陽西下時，黑夜就已來臨。

我們每天每日地經歷著白天和黑夜的交替變化，它絕不由誰來阻止或選擇。而白天和黑夜也像仇恨彼此的人，打算一輩子都不見面，誰也勸阻不了。

那麼，你知道晝夜更替是怎樣形成的嗎？

我們生活的地球本身並不會發光，而且是不透明的，地球上的光和熱都來源太陽的照射。在同一時間內，太陽只能照亮地球的一半，所以陽光照射的地方就是白天，陽光照射的半球被稱為晝半球；而背對太陽、陽光照射不到的地方就是黑夜，稱為夜半球。

晝半球和夜半球之間有一條分界線，像一個大圓圈，我們把它叫做晨昏圈。由於地球不停地繞地軸自西向東自轉，晝半球和夜半球也在不停地互相交替變化，白天變成了黑夜，黑夜又變成了白天，進而形成了晝夜交替的現象。

在地球的南極和北極，還有一種奇特的晝夜交替現象。當北半球到了夏季，北極圈以內地區，太陽不再東升西落，而是一直掛在天空中，北極中心地帶的白天甚至可以長達半年之久，這種現象叫做極晝；而此時的南極圈以內地區，太陽在很長一段時間內都不出現，一天24小時都是黑夜，這種現象叫做極夜。

極晝與極夜的產生，是因為地球在自轉時是傾斜的，當北半球的夏季來臨時，北極總是朝向太陽，所以無論地球怎麼轉北極都是亮堂堂的。

而到了北半球的冬季，北極就全都被黑暗籠罩，形成極夜，而與之遙相呼應的南極，此時就變成了極晝。

五色的四季

地球上，有很多地區是冬冷夏熱、春暖秋涼，四季變化比較明顯。人們可以在春來時踏青，夏來時游泳，秋天去山裡採野果，冬季到了去滑雪。分明的四季，既讓人體味著受熱受凍的辛苦，又讓人享受到了多彩的生活。不過，你知道一年四季是怎麼劃分的嗎？

一般來說，熱帶地區全年炎熱，寒帶地區終年嚴寒，只有溫帶地區才能劃分春、夏、秋、冬四季，而劃分四季的方法也有很多種：

中國古代以立春、立夏、立秋、立冬作為四季的開始，每個季節三個月。但在民間，人們習慣用農曆的月份來劃分四季，這樣更方便計算：每年農曆一月到三月是春季；四月到六月是夏季；七月至九月是秋季；十月

到十二月是冬季。因為正月初一是一年的第一天，也是春天的第一天，這個重要的一天就被定為春節。人們在喜迎春節的同時迎來了溫暖的春天。

在天文上，四季變化就是晝夜長短和太陽高度的季節變化。在一年中，白晝最長、太陽高度最高的季節就是夏季；白晝最短、太陽高度最低的季節就是冬季；過渡季節就是春、秋兩季。

因此，天文上劃分四季是以春分、夏至、秋分、冬至作為四季的開始。就是，春分到夏至為春季；夏至到秋分為夏季；秋分到冬至為秋季；冬至到春分為冬季。

而在氣象學上，通常以陽曆的3月到5月為春季；6月到8月為夏季；9月到11月為秋季；12月到第二年的2月為冬季。

中國現在通常以平均溫度作為劃分四季的標準：10℃升至22℃期間的季節為春季；22℃以上為夏季；22℃降至10℃為秋季；10℃以下為冬季。這樣的劃分方法比較符合中國的氣候特點。

當然，在世界的很多地方，也會有四季劃分，動植物們為了適應那裡的環境，生長得也是千奇百怪。如果你有機會到南美洲的阿根廷去玩，在那裡也會體會到分明的四季氣候呢。

把地球變成橘子的線

如果你第一次到同學家做客，可能會出現這樣的情況：到了同學家附近，卻找不到同學家究竟在哪兒。這時，你給同學打一個電話，同學就會指引你如何找到他的家；或者，你的同學會到某個地方來接你。

現在，我們再做這樣一個假設：你在一望無際的茫茫沙漠上或者大海上迷了路，四周沒有任何物體做參照物，你如何向別人報告你的位置呢？假如真的到了這一步，那可就是非常危險的了。

不用怕，只要你能利用相關的工具確定你所處的「經度」和「緯度」，別人就會立刻明白你所處的位置了，而且能非常迅速準確地找到你呢。

經緯線在地球上的確不存在，那是人們繪製地圖時

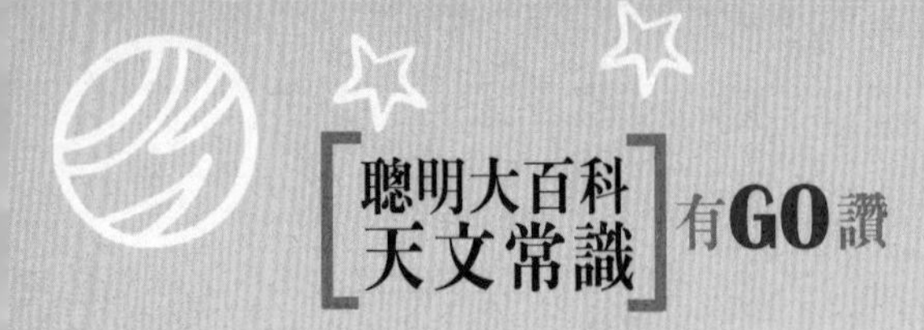

刻意添加的。就好像把地球變成了一個剝開的橘子，分成好多的橘瓣，橘瓣上還有橫向的絲。

我們打開任何一張地圖，或者轉動任何一個地球儀就會發現，上面都畫上了一條條很有規律的縱橫交錯的線條，這就是經緯線。

經緯線究竟是如何確定的呢？

我們已經知道，地球是繞著地軸自西向東轉動的。地軸這個連接南北兩極並穿過地球中心的線也是人們假想的，不過它與經緯線一樣很有實際意義。

如果我們在地軸一半的地方做一個和地軸垂直的平面，就像切西瓜一樣把地球切成兩半，地球就分成了南半球和北半球。

這個平面和地球表面相交的線就是一個大圓圈，它是地球上最大的一個圓圈，地理學上稱這個大圓圈叫赤道。於是，我們可以朝著北極和南極的方向，在地球上畫出很多與赤道平行的線條，這些線就叫緯線。

我們把赤道確定為緯度0°，向南和向北各確定到90°，赤道以南的叫南緯度，赤道以北的叫北緯度。南緯90°就是南極，北緯90°就是北極。

從北極到南極，又可以劃很多半圓圈，這就是經線。但是，對經線怎樣劃分，開始人們的意見很不統一。西元1884年，在一次國際經度會議上，確定通過英國倫敦東南郊的格林尼治天文台的經線，為全世界計算經度的共同起點，也就是將這條經線定為0°。

從這條線算起，向東和向西各分為180°，向東的稱為東經，向西的稱為西經。東經180°和西經180°實際上是同一條經線，一般就叫它180°經線。地圖上用來區分日期的國際換日線，基本上是以這條線為準的。

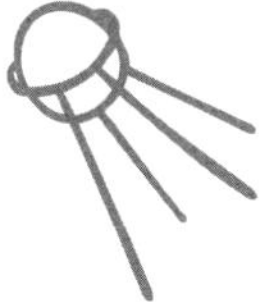

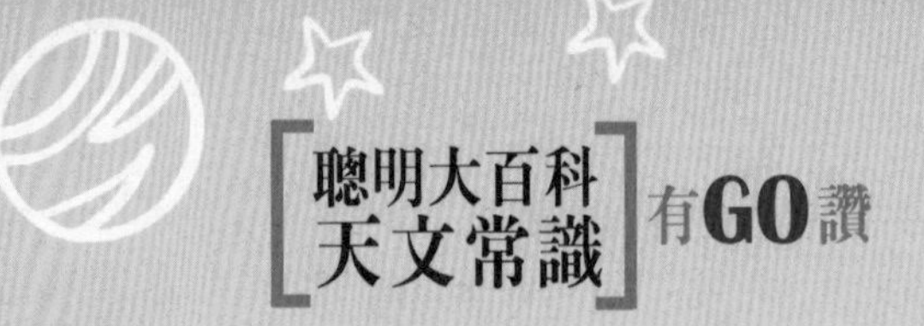

生物的守護天使

地球有自己的生活喜好，她穿了一件好看的外套。從太空中觀賞，地球表面罩上了一層淡藍色的紗，十分美麗；整個地球就像個巨大的圓形城堡，城牆的外壁是湛藍的。地球的外套實際上是一層厚厚的大氣層，比任何一件衣服都實用和功能良好。

大氣層又叫大氣圈，是地球最外部的圈層，它就像一把巨大的保護傘一樣保護著地球上的生命。它能幫助地球維持從太陽那裡得來的熱量，進而使地球保持適宜生存的溫度；還能吸收並減少宇宙射線和太陽紫外線的輻射，進而保證地球上的生命體免受輻射傷害。

大氣層中有著許多種氣體，其中最重要的成分是氮和氧，分別占大氣層總容積的78.1%和20.9%。根據大氣在不同高度表現出的不同特點，我們可以把大氣層分為

五層，分別是對流層、平流層、中間層、暖層和外層，其中，對流層與我們的生活關系最為密切。

對流層是最靠近地面的一層，集中了約75%的大氣質量和幾乎全部的水汽、固體雜質。風雨雷電等複雜多變的天氣現象都發生在對流層；在對流層中，氣溫會隨著高度的升高而降低，平均每上升100公尺，氣溫下降0.6℃。

從對流層往上到50公里左右的高空為平流層，這裡大氣穩定，水汽和塵埃稀少，經常是晴空萬里，能見度很高，非常適宜飛機飛行。

從平流層往上到85公里左右為中間層，這一層的大氣氣溫隨高度的升高而迅速下降，最低可達-83℃以下。

從85公里到500公里的範圍是暖層，也叫熱層，這一層空氣稀薄，溫度隨高度增加很快，最高可達2000℃～3000℃。

暖層以上就是大氣的外層了，是地球大氣與宇宙的過渡層，這裡空氣非常稀薄，溫度很高，一些空氣分子可以掙脫地球的引力逃到宇宙中，所以這一層又被稱為散逸層。

看樣子，地球的外衣還穿了好幾件呢，「衣服」彼此貼在一起，看似凝成一團，實際上各有分層和分工。

你從哪裡來

今天，地球上生活著形形色色、種類繁多的生物。可是你有沒有想過，這些形形色色的生命最初是怎樣在地球上出現的呢？大概你永遠也不會猜到，人類是從一個眼睛都看不到的小原始生命體逐漸衍生而來的。

大概是幾十億年前，地球是個大熱球，生命根本就受不了它的高溫，一切元素都以氣體狀存在。

而生命起源，正是來自於非生命物質，並且經歷了一個極為漫長的演化過程。

原始地球的大氣中含有許多有機元素，包括碳、氫、氮、氧、硫等，這些元素在自然界中各種射線、雷電等條件的影響和作用下，形成了許多與生命有關的簡單有機物。有機物又透過雨水作用，經湖泊、河流彙集

到原始海洋中。

在原始海洋中，這些有機物不斷相互作用，經過漫長的歲月，進一步生成了較為複雜的有機物，如蛋白質、核酸等。

後來，這些有機物又在漫長的歲月中透過各種變化逐漸形成了具有原始新陳代謝和自我繁殖能力的原始生命體。這些原始生命體既能從周圍環境中吸取營養，又能將廢物排出體外。原始生命體再經過極其漫長的歷程，才逐步進化成豐富多彩的生物世界。

生命的起源是一個相當複雜的過程，需要各種資源進行綜合作用，再經過長期的演化才能產生。

奇妙的地球磁場

我們拿一塊磁石在有鐵製的細小東西一晃，「叮」的一聲，鐵製物就會吸附在磁石上面。是什麼力量讓鐵製物投奔磁石的懷抱呢？這就是磁力。

地球就像一塊巨大的磁石，四周充滿了磁場。這個大磁場雖然看不見、摸不著，但充滿了神奇的魔力。

地球所在的太空宇宙中存在著大量的射線，這些射線如果進入地球，就會對地球上的生命產生嚴重威脅，而地球磁場就像保護傘一樣，有效地改變了這些射線中大多數帶電粒子的運動方向，使它們無法到達地面，進而保護了地球上的生命。

在南北極附近，人們有時會看到一種神奇的現象，天空中佈滿五顏六色的光，就像飄舞的彩帶，這就是極光。

極光的產生與地球磁場有著密切的關係，當太陽輻射出的帶電粒子進入地球磁場後，帶電粒子會沿著地磁場的磁感線做螺旋線運動，最終落到南北極上空稀薄的大氣層中，和大氣層中的分子碰撞產生發光現象，形成極光。在南極地區形成的叫南極光，在北極地區形成的叫北極光。

地球磁場與我們人類的生活也是息息相關的。在行軍或者航海時，人們可以利用地球磁場對指南針的作用來確定方向；可以根據地球磁場在地面上分佈的特徵尋找礦藏；可以利用電磁信號來診斷和治療疾病，等等。

除此之外，地球磁場的變化還能影響無線電波的傳播，當地磁場受到強烈干擾時，遠距離通訊就會受到嚴重影響，甚至中斷。

由此可見，磁力的存在既無形，又能力非凡，我們很難逃脫它的掌控啊。

陽光裡的奧祕——太陽之歌

宇宙中的一粒「沙子」

如果有人向你提出問題：你知道地球上海灘和沙漠上的沙粒是多少嗎？你恐怕要回答：怎麼可能知道，誰能把那些沙粒數完！對於宇宙來說，恆星跟地球的沙粒一樣多，而地球上所有生命所依賴的太陽，就是這無數恆星中的一員。

什麼！太陽是宇宙中的一粒「沙子」？很多人會驚嘆地合不攏嘴。事實的確如此，太陽只是宇宙中的一粒「沙子」。

所有的恆星都是由熾熱氣體組成的、能自己發光的球狀或類球狀天體。因此，作為宇宙裡眾多熾熱氣體星球的一員，太陽看上就像一個燃燒著的大火球。我們看著它很大，但與其他恆星比起來，它只能算是小弟弟。

太陽大約是47.5億年前，在一個坍縮的氫分子雲內部形成的。現在，太陽已經是一個直徑大約139萬公里（相當於地球直徑的109倍）、質量大約2×1030公斤（相當於地球質量的330000倍）、約占太陽系總質量99.86%的「大火球」。

圓圓的太陽本身是白色的，但看上去是黃色的，這是因為，在可見光的頻譜中黃綠色表現得最為強烈，因此，從地球表面觀看時，大氣層的散射就讓太陽看起來是黃色的。

太陽一直在發光發熱，是因為它一刻不停地在燃燒。

可是太陽究竟靠燃燒什麼來發光呢？那就是透過各種核物質的核能釋放。

太陽1秒鐘燃燒釋放出的能量相當於燃燒幾百億噸煤所產生的能量，如果它只是一個用普通燃料做成的球體，那麼數千年之內它就會燃燒殆盡了。而實際上，太陽已經持續燃燒了數十億年了。

它真是一個巨大的能源庫。太陽和恆星的能量都來自於核能的釋放。從化學組成上來看，太陽質量的約四分之三是氫，剩下的幾乎都是氦，還包括氧、碳、氖、鐵和其他的元素。當氫在高溫高壓下聚變成氦時，就會釋放出巨大的核能。因此，太陽才能在那麼長的時間內持續燃燒。

太陽是磁力非常活躍的恆星，它支撐著一個強大、年復一年在變化的磁場。太陽磁場會導致很多影響，如太陽表面的太陽黑子、太陽耀斑、太陽風等，這些都被稱為太陽活動。雖然太陽距地球的平均距離是1.5億公里，但太陽活動還是會對地球人的生活造成影響，如擾亂無線電通訊行業電力等。

以太陽為中心，太陽和它周圍所有受到太陽引力約束的天體構成了一個集合體，這個集合體就是太陽系。目前，太陽系內主要有8顆行星、至少165顆已知的衛星、5顆已經被辨認出來的矮行星（圍繞太陽公轉，有足夠的質量保持獨立，未能清除在近似軌道上的其他小天體）和數以千計的太陽系小天體。

依照到太陽的距離，太陽系中的八個行星依次是水星、金星、地球、火星、木星、土星、天王星和海王星（原列為第九的冥王星，由國際天文聯合會於2006年8月24日決議劃為矮行星）。

雖然太陽只是宇宙中的一粒「沙子」，但「萬物生長靠太陽」，正是因為有了太陽的熱量和光亮，地球上的一切才生機盎然，人類文明才得以產生並延續。

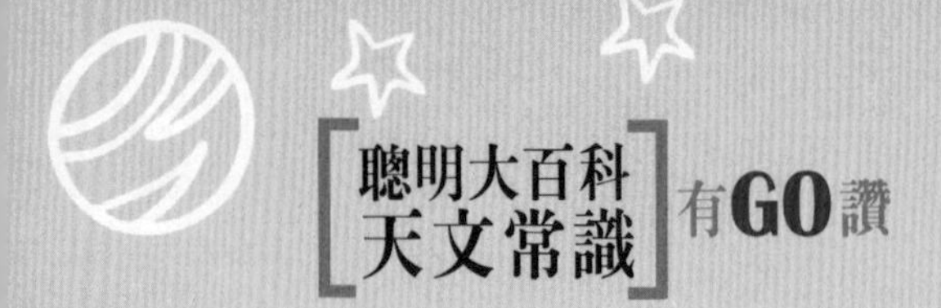

爲太陽系尋找媽媽

同學們去參加一個科普知識展，當看完一個有關太陽系的介紹後，帶隊的老師向同學們提出個問題：「現在科學界普遍認為：太陽系起源包含兩個基本問題：一是太陽系中形成行星的物質從何而來，二是行星是怎樣形成的。你們認為這兩個問題好解釋嗎？」

同學們回答：「問題的本身容易理解，但內容卻很難懂！」

老師說，「這就對了。圍繞這兩個問題，即便科學家們也是眾說紛紜，最有影響的是康得一拉普拉斯的『星雲假說』」。

同學們異口同聲，希望知道什麼是「星雲假說」。於是老師做了具體的講解：

1755年，德國哲學家康得首先提出了太陽系起源的星雲假說。在這個假說中，他認為：「太陽系是由原始星雲按照萬有引力定律演化而成。在這個原始星雲中，大小不等的固體微粒在萬有引力的作用下相互接近，大微粒吸引小微粒形成較大的團塊。團塊又陸續把周圍的物質吸引，最強的中心部分吸引的物質最多，先形成太陽。外面的微粒在太陽吸引下向其下落時，與其他微粒碰撞而改變方向，變成繞太陽做圓周運動；運動中的微粒又逐漸形成引力中心，最後凝聚成朝同一方向轉動的行星。」

然而，康得的星球假說提出後，並沒有立即引起人們的廣泛注意。

1796年，法國著名的數學家和天文學家拉普拉斯也獨立提出了與康得類似的另外一個星雲假說，使得太陽系起源與演化的研究受到了更多的重視。拉普拉斯的星雲說的主要觀點是：

「太陽系是由熾熱氣體組成的星雲形成的。氣體由於冷卻而收縮，因此自轉加快，離心力也隨之增大，於是，星雲變得十分扁了。在星雲外緣，離心力超過引力的時候便分離出一個圓環，這樣反復分離成許多環。圓環由於物質分佈不均勻而進一步收縮，形成行星，中心部分形成太陽。」

可見，拉普拉斯與康得的觀點基本一致，只是拉普拉斯的假說在細節上做了很多動力學方面的解釋，與康得的假說相比，論證更嚴密、更合理、更完善。

所以，人們把康得和拉普拉斯兩個人的假說，合稱為康得——拉普拉斯星雲假說。

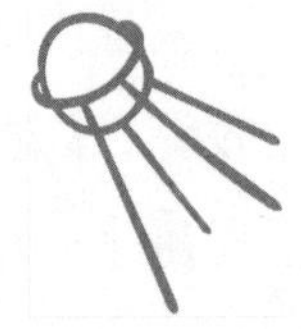

落入凡間的精靈

一天，老師帶領同學們在電影院觀看一部十分有趣的電影——《南極大冒險》。看完後，同學們對裡面的驚險情景議論紛紛。

這時，老師對同學們提問了：「在地球南、北兩極附近的高空，夜間常常會出現一種奇異的光，它色彩斑斕，有紫紅色的，有玫瑰紅的，有橙紅色的，也有白色的、藍色的。其形狀也是千姿百態，有時像空中飄舞的彩帶，有時像一團跳動的火焰，有的像帷幕，有的像柔絲，有的像巨傘，這種大自然的火樹銀花不夜天的景象你們知道是什麼嗎？」

「是極光！」同學們幾乎都同一個聲音道出了答案。

「對，正是極光。它就猶如落入凡間的精靈，讓人興嘆不已。下面我就來說說有關它的故事吧。」老師興

致勃勃地說。

接著老師開始說起了故事——

1950年11月，美國阿拉斯加州一名攝影家在野外拍攝星空，忽然發現遠方的天空有一道光幔。那道光幔中間火紅、外邊淡綠，尾部還拖著流光，如同鬼魅般在浩瀚夜空裡飄舞。當攝影家把相機對準光幔準備拍攝時，那條神祕的光幔竟然消失了。

1957年3月2日夜晚，人們在黑龍江省呼瑪縣的上空觀察到了美麗的極光。7點多鐘，西北方的天空中出現了幾個稀有的彩色光點，接著光點放射出不斷變化的橙黃色的強烈光線，不久，光線漸漸模糊而成幕狀，爾後彩色逐漸變弱，到8點30分消失。但10點零3分，這一情景又再次出現。

令人驚奇的是，在同一天晚上7點零7分，新疆北部阿泰北山背後的天空也出現了鮮艷的紅光，像山林起火一般。後來，紅色的天空裡射出很多片狀，形成垂直於地面的白而略帶黃色的光帶，漸漸地這光帶變成了銀白色。這些光帶，由北山後呈輻射狀，逐漸向天頂推進。各光帶之間呈淡紅色，忽明忽暗。光帶的長短也不斷變化。7點40分左右，光帶伸展到天頂附近，這時的光色最為鮮明，好似一束白綢帶，飄揚在淡紅色的天空中，

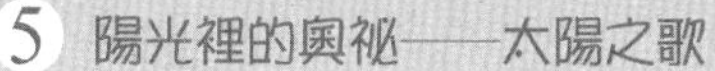

大約10點，景色完全消失。

「哇！真是太神奇，太有意思了！」同學們都驚嘆道。

綺麗神祕的極光現象不但讓人們驚嘆自然的奇妙，也成為猜測和探索的天象之謎。古老的愛斯基摩人認為那是鬼神引導靈魂上天堂的火炬，稱其為「鬼火」；而維克人認為極光是騎馬賓士越過天空的勇士。13世紀時，科學家認為極光是格陵蘭冰原反射的光，說其是冰反射光。直到17世紀，人們才給它一個正式的名字——極光。

目前，關於極光的成因有以下兩種解釋：

第一種解釋是，極光是由於太陽的反射作用形成。這種解釋過於簡單，為什麼太陽反射的光會在晚間出現，人們不免提出這樣的疑問。

另一種解釋是，極光與地球磁場和太陽輻射有關。這種解釋也是基於一種推測，研究者說出了較為具體的道理。

在還沒有得到深入的科學論證之前，我們暫且相信後一種解釋。

變色又變形的太陽

一般來說，人們所看到的太陽總是圓的，但天空中也曾出現過方形的太陽。

你肯定不會相信這個事實，太陽怎麼可能變成方的，可是有人卻真的看到「方太陽」啦！

1933年9月13日日落時，在美國西海岸，一位叫查貝爾的學者拍下了方形太陽的照片。照片上的太陽有稜有角，而且並沒有被雲彩遮住。

為什麼太陽會變成方形的呢？

原來，這和變幻莫測的大氣有關。在地球的南北兩極，上層空氣溫度比較高，靠近地面和海面的空氣層溫度則相對較低，這樣就使得下層空氣密集，上層空氣稀薄。日落時，光線穿過密度不同的兩個空氣層，就會發生折射——光線會彎向地面一側，而不再是走直線。這

樣一來，太陽上部和下部的光線被折射得幾乎成了平行於地平線的直線，這種光線反映到人的眼睛裡，就會形成太陽被壓扁的視覺效果，也就出現了奇妙的「方太陽」。

太陽不僅會變形，還會變色，比如有人曾經見過綠色的太陽。

人們平時看到的太陽光是白光，實際上它是由紅、橙、黃、綠、藍、靛、紫七種單色光組成的。和太陽變形的原因一樣，當太陽光穿過密度不均勻的大氣層時，七種顏色的光都會發生一定角度的偏折，偏轉角度的大小與光的顏色（波長）密切相關。這種「色散現象」會使白光重新被分解成七種單色光。

在這七種單色光中，紫光的波長最短，色散時角度最大；紅光的波長最長，色散時角度最小，其他的單色光依照順序排列其中。

日落時，首先沒入地下的是紅光，其次是橙光、黃光，這時地平線上還留著綠光、藍光、靛光和紫光。由於後三種光波長太短，穿過厚厚的大氣時，會被大氣中的塵埃微粒散射開，所以人的肉眼幾乎覺察不到，能夠到達人眼的就只剩下綠光，於是，人們眼中就出現了綠色的太陽。當然，所謂「綠色的太陽」不是指整個太陽

都是綠色的，而是太陽的邊緣呈現綠色，但在觀看者看來，絕對是綠色的太陽！

這種自然造物創造的神奇景象並不是任何時候都能看到的，因為形成綠色太陽奇觀的條件之一是要讓紅光、橙光、黃光偏轉到地平線之下，所以這種現象只能在太陽剛露出地平線或快落入地平線時才能見到。

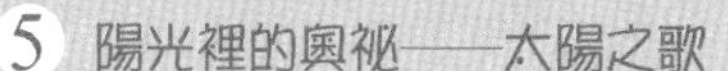

藥師的偉大發現

施瓦布最初只是德國的一個職業藥師，但他卻十分愛好天文觀測，是一個狂熱而又異常勤奮的天文迷。

他從1826年開始對太陽進行觀測，只要天氣晴朗，他的觀測從不間斷，堅持了整整17年的時間，目的就是為了找傳說中那個存在於太陽和金星之間的「火神星」。

有一天，施瓦布把17年來累積了幾櫃子的太陽黑子圖，全部翻出來進行比較，想從中尋覓到「火神星」的蛛絲馬跡。

可是，萬萬沒有想到的是，他朝思暮想的「火神星」始終沒有露面，卻意外地發現了另外一種現象——太陽黑子的11年週期變化。太陽黑子的出現，有的年份多，有的年份少，有時甚至幾天、幾十天日面上都沒有

黑子。施瓦布發現，太陽黑子從最多（或最少）的年份到下一次最多（或最少）的年份，大約相隔11年。也就是說，太陽黑子有平均11年的活動週期，這也是整個太陽的活動週期。

這頓時令施瓦布高興異常，於是他馬上把自己的發現寫成論文，寄到天文期刊編輯部。可是，編輯們見他只不過是一個普通藥師，對他的論文根本不屑一顧，也無瑕理睬他。

然而，施瓦布並沒有因此而氣餒，越是有這般遭遇，他就越是不甘於失敗。於是，他仍然繼續堅持每天的觀測工作。

時間就這麼一天天地過去了。16年後，也就是1859年，施瓦布已年近古稀，成了頭髮斑白的老人。可是，始終沒有見到「火神星」的蹤影，而太陽黑子變化的規律卻更加明顯了。

於是，他把自己的觀測成果告訴了一位天文學家，這位天文學家立即把施瓦布這項重大發現整理成論文公之於世。

「這次會不會再像上次那樣，研究的成果不被認可了呢？」施瓦布開始擔心起來。

但出乎意料的是，這篇論文公佈不久，就收到了回

音。他的發現，這件事立即受到了天文學家的極大重視，並很快得到了證實。

現在，太陽活動的11年週期變化已成為大家公認的太陽活動的基本規律。天文學家把太陽黑子最多的年份稱為「太陽活動峰年」（活動最活躍的年份），把太陽黑子最少的年份稱為「太陽活動寧靜年」（活動最不活躍的年份）。

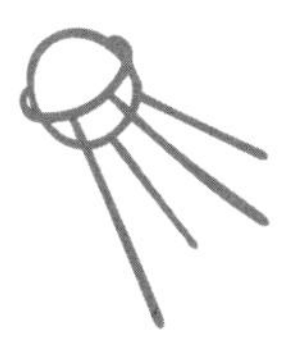

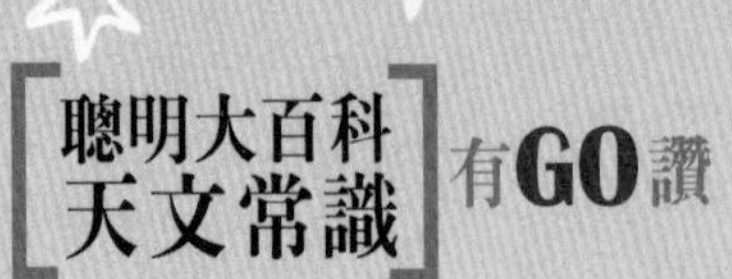

爲什麼追不上太陽

古時候，遙遠北方的一座名叫「成都載天」的大山上，生活著大神傳下的子孫——夸父族。

夸父族個個都是身材高大、力大無比的巨人，看上去樣子很可怕。但實際上他們的性情溫順而善良，都為創建美好的生活而勤奮地努力著。

北方天氣寒冷，冬季漫長，夏季雖暖但卻很短。每天太陽從東方升起，山頭的積雪還沒有溶化，又匆匆從西邊落下去了。

夸父族的人想，要是能把太陽追回來，讓它永久高懸在成都載天的上空，不斷地給大地光和熱，那該多好啊！於是他們從本族中推選出一名英雄，去追趕太陽，這個人的名字就叫「夸父」。

夸父被推選出來，心中十分高興，他決心不辜負全

族父老的希望，跟太陽賽跑，把它追回來。於是他跨出大步，風馳電掣般朝西方追去，轉眼就是幾千幾萬里。他一直追到禺谷，那兒是太陽落山的地方，那一輪又紅又大的火球就展現在夸父的眼前。

這一刻他萬分的激動和興奮，想立刻伸出自己的一雙巨臂，把太陽捉住帶回去。可是他已經奔跑一天了，火辣辣的太陽曬得他口渴難忍。於是他便俯下身去喝大河裡的水，頃刻間，兩條河的河水都讓他喝乾了，還沒有解渴。他只得又向北方跑去，要喝北方大澤裡的水。但不幸的是，他還沒到達目的地，就在中途渴死了。

夸父的精神和勇氣值得讚頌，但他真的追上了太陽嗎？我們可以直接回答：那是不可能的。

大家應該都知道，地球是太陽系中唯一有生命的行星，本身是不能發光的，必須借助於太陽的光和熱來哺育其上的生命。

地球被太陽照亮的半球，就是白天，背離太陽的一面就是黑夜，加上地球自西向東自轉，這就使白天和夜裡不斷更替，因此也就會看到太陽總是從東方升起，西邊落下。

夸父看到的太陽西行，實際上是地球自轉的結果。即便夸父腿長腳大，力大無比，跑得飛快，也無法改變

這個事實，他就算能追在太陽後面，但太陽永遠也不會等他去追呢！

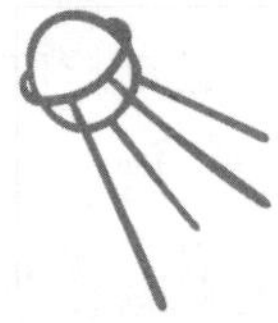

太陽的末日什麼時候到來

沐浴在太陽的無盡光輝中，一個問題油然而生，那就是太陽的能量會有一天燃燒殆盡嗎？如果真有那麼一天，「世界末日」會來臨嗎？

因為太陽是地球萬物生長的動力源泉，沒有太陽，地球上的萬物就會滅亡。太陽無時無刻都在向周圍空間輻射著巨大的能量，地球上的綠色植物正是利用這些能量才啟動了光合作用，為地球上的生物提供了至關重要的氧氣和有機物。假如沒有了太陽，地球肯定會遭殃。

然而，太陽的滅亡已經是註定的了，即便我們能力再大，也阻止不了它的發生。

科學告訴我們，恆星的演變過程就是中心核內的氫開始燃燒直到全部生成氦。恆星存在的時間長短是根據各自質量而定的。星體膨脹速度與產生的熱量成正比。

就是說，星體產生的熱量越多，膨脹的速度越快，存在的時間也越短。

太陽是一顆恆星，每秒鐘向太空中釋放的能量，大約相當於900億顆百萬噸級的氫彈同時爆炸所釋放的光熱總量。在這個過程中，太陽體內的氫不斷減少，氦不斷產生。科學家研究發現，太陽的氫聚變已經持續46億年了，而太陽最多可存在100億年的時間，也就是說，太陽還剩下50多億年的壽命。

50多億年？這短時間可真漫長，我們可以暫時不用擔心自己的安危問題，那就為太陽考慮一下吧！

當一顆恆星步入老年期時，它將首先變為一顆紅巨星。到了這個階段恆星將膨脹到原來體積的10億倍，因此稱為巨星。紅巨星時期的恆星表面溫度相對很低，但極為明亮，因為它們的體積非常巨大。

如果照這樣推測，太陽最後膨脹10億倍，足可以吞掉地球等其他太陽系行星。紅巨星一旦形成，就朝恆星的下一階段——白矮星進發，它的外觀呈現灰白色，體積小、亮度低，但質量大、密度極高。

科學家認為，太陽在50億年後將變成紅巨星，屆時地球上一切生命都會滅亡，大概這個階段會停留10億年，那時太陽的光亮將是今天的幾十倍。此後，太陽繼續膨脹，而且速度加快，然後它將吞沒太陽系所有星體。接著太陽會劇烈抖動，大量物質會脫落跌進太空，剩下的部分縮為白矮星。

不過「世界末日」還很遙遠，這個年限如此之長，人們完全可以高枕無憂，因為我們人類的歷史才不過幾百萬年，人類文明的歷史才不過幾千年。

永不變心的衛兵——窺探月球

明月幾時有

晚間，我們觀看頭上那顆懸掛的月亮，你會發現它不但面容美麗極了，而那裡面好像有亭台樓閣、彩雲玉樹；人們並說裡面有嫦娥、玉兔，有人拎著斧頭伐木；我們還不會忘記猴子撈月亮的故事，它有時是會掉到水井裡、水潭裡的，不過轉瞬它又回到了天上。

法國大作家雨果說，「月球是夢的王國，幻想的王國」；詩人李白有「窗前明月光，疑是地上霜」的詩句；文人蘇軾還要「把酒問蒼天」，向月亮提問「明月幾時有？」

是啊，古今中外，世世代代，有多少人對月亮頂禮膜拜，希望揭開它的面紗，知道它的起源。

1969年7月20日，當美國實施「阿波羅」登月計劃

的時候，許多人都大鬆一口氣，認為這次人類登月可以知道月球的起源，實現有史以來的夢想。然而，沒有想到的是，「阿波羅」登月計劃並沒有帶回科學家們預期的答案，讓人無限惋惜。

迄今為止，關於月球的起源，有三種比較出名的假說，讓人對月球更加癡迷：

一是捕獲說。這種假說的意思是，月球是地球用引力從空中抓過來給自己當護衛的。這一假說認為，月球原來是太陽系或宇宙中一顆自由自在的行星，當這顆冒失的行星闖到地球引力範圍之內時，立即被地球老實不客氣地把它強行留在軌道上，成了地球的衛星。但是，這一假說從天文學的角度來講不太現實，天體物理學家和天體力學家認為：地球捕獲月球作為衛星的可能極小，因為地球沒有那麼大力氣。

二是同源說。說是月球是地球的兄弟或者姐妹。這種假說認為，宇宙起源於一場大爆炸，在大爆炸過程中，宇宙物質四處擴散，最早形成了太陽系宇宙塵埃團，這個團狀的物體圍繞一個中心高速旋轉，中心四周的物質逐漸凝聚成太陽，四周旋轉中的物質，漸漸形成了行星和衛星，地球和月球是一奶同胞。

三是分裂說。說是月球是地球的子女。這種觀點認

為，在地球形成初期，曾發生反復分裂，由於一次巨大的爆炸，將地球上的一部分物質給「拋」了出去，於是形成了月亮。現在太平洋的面積與月球的面積差不多，所以有的人認為地球是在「擠」出一部分物質之後形成了太平洋。

同源說和分裂說有沒有科學道理呢？科學家認為，這兩種假說必須找到一條有利的證據，那就是月球與地球的年齡要相等，而且月球的物質構成要與地球的物質構成一致。但科學家對從月球帶回的月面表層原始標本進行分析，發現月球跟地球並不同齡，而且構成物質也大不一樣。這就極大動搖和震撼了以上兩種學說。

以上假說都有各自的缺陷，而這些缺陷又遠不是現在的科學水準所能解決得了的。月球究竟是怎麼產生的，等待著更多的人能夠揭開其中的祕密。

如何區別新月和殘月

有一首叫《彎彎的月亮》的歌，歌詞是那麼美：

遙遠的夜空，有一個彎彎的月亮。

彎彎的月亮下面，是那彎彎的小橋。

小橋的旁邊，有一條彎彎的小船……

月亮有時如一塊圓圓的明鏡，有時就如這首歌詞裡說的，月亮是彎彎的，像彎彎的小橋，也像彎彎的小船。

在大多數時間，月亮呈現的是月牙兒，不注意的話，我們總會有彎彎的月牙兒總是那一個樣子的錯覺。

其實，你看到的月牙兒有可能是新月，也有可能是殘月。也就是剛開始出現的月牙和快要被遮擋住的月牙。

如何區分新月、殘月，著實難倒了許多人。

區分新月和殘月的方法，通常是看彎月鼓出的一面是什麼方向。這是有規律的：總是向右面凸出是新月，而殘月則是向左凸出。由於人們很容易混淆新月和殘月的突出方向，聰明的先輩們就發明了一些簡明的方法區分它們。

在北半球，我們可以利用兩個字母來區分新月和殘月——「P」和「C」，向外鼓著肚子的字母「P」很像一個正在努力生長的月亮，這就是新月；與之相對的「C」則瘦瘦的，肚子內凹，很像一個逐漸走向衰老的月亮，這就是殘月。

但是，如果你是在澳大利亞或者非洲、南美洲南部，上述辦法就不適用了。因為那裡人們看到的新月和殘月，突出方向與北半球恰恰相反。還有一個地方也不適用北半球的方法，那就是赤道及其附近緯度帶。

那裡的彎月幾乎是橫著的，像盪漾在海面上的小船或是一道發光的拱形門，在阿拉伯的傳說裡把它形容為「月亮的梭子」。如果你想在這樣的地方判斷天空中是新月還是殘月，可以利用一種天文學方法：新月出現於黃昏時的西面天空；殘月則出現在清晨的東面天空。

瞭解了這些方法，你就可以在地球的任何地方準確地區分夜空中懸掛的彎月到底是新月還是殘月了。

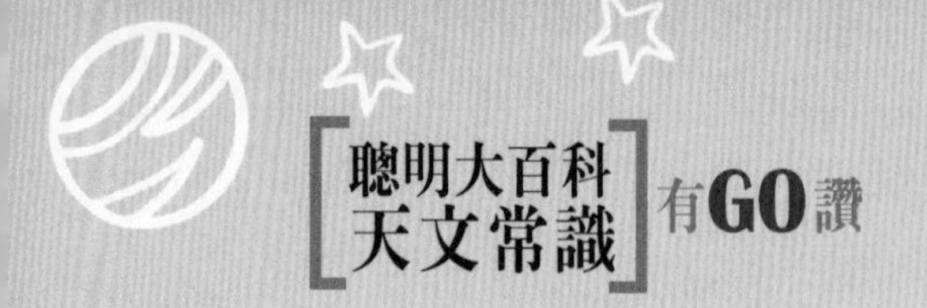

你想站在月球上看天空嗎

對著天上那輪讓人遐想的明月，你曾想過要登上去暢遊嗎？

如果有機會能到月球表面遊玩，你可不要失望，因為月球上的天空不如地球上的天空那樣好看。站在月球上，首先映入眼簾的就會是那漫天黑幕。

原來，站在地球上的我們，之所以能夠看到蔚藍色的天空、美麗的晨曦、燦爛的晚霞……種種令人沉醉的天空美景，都應該感謝那一層輕輕的大氣的包圍。

如果這層大氣消失，那麼這些美好的畫面都不會存在。天空的蔚藍色將變成無邊無際的黑暗，日出和日落的時的美麗景象也不再有，取而代之的是突然交替的晝夜；有日光的地方將會炙熱一片，日光直射不到的地方將被黑暗吞沒。

月球上因為沒有空氣，白天只有一個明亮的太陽，周圍都是黑的，甚至能看到星星；夜間看星星要比從地球看到的耀眼多了，也不像從地球看到的那樣不停閃爍。

從地球上看月球，皎潔的月亮彷彿夜空裡的一位仙子。如果站在月球上看地球，會有什麼不一樣的景色呢？

一位曾經研究過這一問題的天文學家寫下了下面這段話：

「從其他星球觀察我們的地球，能看見的只是一個發光的圓盤，地球上的任何細節都將被隱藏。因為，日光投射到地球上，還沒有落到地面就被大氣和大氣中的雜質漫射到空中去了。雖然地面本身反射光線，但經過大氣漫射就變得極其微弱了。」

這段話說明瞭從月球看地球的樣子。地面總被雲半遮半掩，大氣層也會把日光漫射開。所以，從月球看到的地球應該非常明亮的，至於細節則根本沒有。有一些關於從宇宙看地球的繪畫作品，描繪出地球兩極區域的冰雪和大陸的輪廓等細節，實際上是不存在的。

此外，從月球看，地球十分龐大，完全不同於我們從地球看月球。因為地球的直徑要比月球直徑大4倍多。由於地球的面積比月球大了將近14倍，地球反射的太陽光自然就要比月球大得多。而且地球表面的反射能力比月球的反射能力大了近6倍。所以，從地球上看月球的光亮度要比滿月時大90倍。

想像一下，如果夜空有90個滿月照向地面，並且沒有大氣層的阻擋，那將是怎樣的景象呢？

月球上的「高山」和「大海」

在晴朗的月夜，仔細觀察月球表面，你會發現上面有些地方暗，有些地方亮。中國古代人看到這些影子，便根據它們形狀，構思出很多美麗的神話傳說。

300多年前，義大利科學家伽利略用自己製作的望遠鏡對準月球，第一次看到了月球的表面。

伽利略發現，那些看上去亮的部分，像是一座座高山；那些看上去暗的部分，好像一片片海洋。伽利略還為這些高山和海洋取了名字。

現在，人類的足跡已經登上了月球表面，取得了很多關於月球的觀測資料和實景圖片。科學家發現，月球

上確實有很多高原和山脈，但那些看上去暗的地方，卻不是海洋而是平原。到今天為止，人類還沒在月球上發現一滴水，更不用說海洋了。

月球表面有起伏的群山，還有非常奇特的「環形山」，環形山這個名字是伽利略起的。它是月面的顯著特徵，幾乎佈滿了整個月面。只月球正面，直徑1公里以上的環形山就超過3.3萬座。

它們像一只大碗，中間凹陷，周圍高起來；有的環形山中央，還高高地聳立著一座或幾座山峰。最大的環形山是南極附近的貝利環形山，直徑295公里，比海南島還大一點。小的環形山甚至可能是一個幾十公分的坑洞。

月球上雖然沒有海洋，但月球上的平原仍然沿用之前的名字，比如「雲海」、「濕海」、「靜海」、「風暴洋」等等，已確定的月海有22個，此外還有些地形稱為「類月海」。

公認的22個月海，絕大多數分佈在月球正面，背面有3、4個在邊緣地區。其中風暴洋是月球上最大的「海」，它有中國面積的一半那麼大呢。

大多數月海大致呈圓形、橢圓形，並且四周多被一些山脈封閉住，但也有一些海是連成一片的。除了「海」

以外，還有五個地形與之類似的「湖」——夢湖、死湖、夏湖、秋湖、春湖，可有的湖比海還大。

月海的地勢一般較低，類似地球上的盆地，月海比月球平均水準面低1～2公里，個別最低的海如雨海的東南部甚至比周圍低6000公尺。

月面的返照率（一種量度反射太陽光本領的物理量）也比較低，因而顯得較黑。

地球上有著許多著名的裂谷，如東非大裂谷。月面上也有這種構造，那些看來彎彎曲曲的黑色大裂縫就是月谷，它們綿延幾百到上千公里，寬度從幾公里到幾十公里不等。那些較寬的月谷大多出現在月陸上較平坦的地區，而那些較窄、較小的月谷（有時又稱為月溪）則到處都有。

最著名的月谷是在柏拉圖環形山的東南聯結雨海和冷海的阿爾卑斯大月谷，它把月面上的阿爾卑斯山攔腰截斷，很是壯觀。從太空拍得的照片估計，它長達130公里，寬10～12公里。

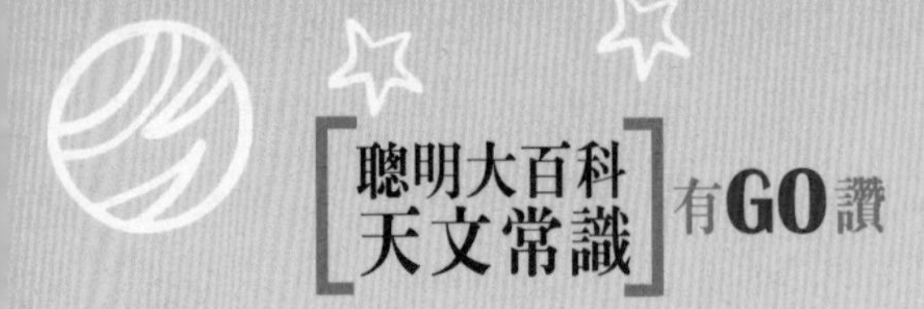

原來月球是個麻子臉

古代以來，月球在人們的眼中都是一張美麗的面龐，可自從人們發明了望遠鏡，月球的美麗就被大打折扣，甚至讓很多人大失所望。

原來用望遠鏡發現，月球是個麻子臉！遠處看很美麗，湊近一看，臉上全是坑坑窪窪的。

為什麼會如此呢？

其實月球也很倒楣，上面的坑是被星際物質撞擊留下的。我們都曾在夜裡看過一閃即逝的流星，那是在太空中流浪的隕石被地球的引力拉進來的結果。

隕石在飛進大氣層時會因摩擦生熱而發光；有的隕石體積較大，大氣層來不及將它燒成灰燼，於是剩餘的石塊就會一頭撞進地球表面，造成隕石坑。

例如，五萬年前，在美國亞利桑那州就曾發生隕石撞擊，造成了一個直徑1.2公里，深180公尺的大坑。

隕石飛向地球，大多數時候會和大氣層產生強烈的摩擦而被燒成灰燼，所以不會對地球造成傷害。

即便有一些沒被燒盡的隕石砸向地球，因為地球上有空氣、風力和水流，這些外力就像一個「美容師」，時時刻刻作用著地球表面，抹平了地球上的坑坑窪窪，使地表變得平坦。

但是月球上空沒有大氣層保護，因此所有大大小小的隕石，都會以原尺寸大小撞擊在月球表面。這些隕石墜落的速度至少每秒15公里。

它所具有的動能忽然變成勢能，使得這塊物質本身和它碰著的東西溫度驟然升高，於是，它就立刻揮發，造成一個轟轟烈烈的爆炸，使得大量的固體物質被拋射到遠方去。

這樣在爆炸處便造成一個坑穴，可能比原來的隕星的範圍還大得多。

月球就在這一次次的撞擊中變成了個大花臉，又加上月球上沒有空氣、風力和水流等外力，月球也就沒有機會做美容。

於是，月球上的坑坑窪窪就變得越來越多了。

嘩——嘩——嘩黑夜裡，是誰在海邊獨自哭泣呢？

當然是海水，凡是到過海邊的人，都會看到海水有一種神奇壯觀的漲落現象：到了一定時間，海水推波逐浪，迅猛上漲，達到高潮；一段時間之後，上漲的海水又自行退去，留下一片沙灘，出現低潮。如此循環重複，永不停息。

在很早以前，古人就已經觀察到了潮水現象。在中國古代，把發生在白晝的海水漲落稱為「潮」；把發生在夜晚的海水漲落稱為「汐」，合稱「潮汐」。

中國的先民們發現，潮汐和月亮似乎有某種關係，每月農曆十五前後會有大潮。因此，很多地方有農曆八月十八看大潮的習俗。雖然古人觀察到了潮汐與月球有關，但由於科技的落後和認識水準的侷限，對潮汐的形成原因不能做出解釋，只好祈求蒼天保佑百姓生活的安定。在大潮來臨之際，附近的老百姓會以不同方式敬祭潮神，有的地方還會建起一座神廟祭祀，祈求歲歲平安。

17世紀英國科學家牛頓發現了萬有引力定律之後，人類對潮汐的原因有了科學的解釋。

原來，潮汐是由太陽和月亮、地球三者的關係形成的，而且主要是由月亮的引力造成的。月亮和地球之間有某種相互吸引的力量，如果這個力量足夠強大，月亮和地球早就碰到一起了，可月亮的吸引力還沒有大到那個地步，它的引力只能吸引地球上的海水。人們把這種吸引海水漲潮的力叫引潮力。與月亮面對面的海水受到月亮的吸引湧到岸邊，形成漲潮。

由於月球在晝夜不停地圍繞地球轉動，因此地球表面各地離月亮的遠近是不一樣的，海水所受的引潮力也會出現差異。一般情況下，正對著月球的地方引潮力大，背對著的月亮的海水所受引潮力變小。由於天體是運動的，各地海水所受的引潮力不斷在變化，使地球上的海水發生了時漲時落的運動，進而形成了潮汐現象。

由於地球一天自轉一圈，海水的漲潮和退潮現象一天分別出現兩次。所以，海水一天裡會每隔六個小時進

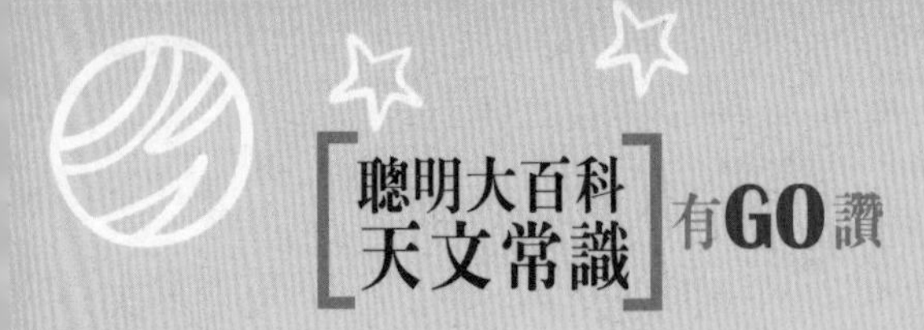

出於岸邊一次。

你不要認為月球這是多此一舉，潮汐可是月球送給地球的禮物呢。

自古以來，人們適應潮汐開展交通、軍事、漁業等活動，收益不少；潮汐還蘊藏著非常巨大的能量，世界許多國家都用它發電。

有意思的是，一些生物學家認為，潮汐的變化可能是地球生物進化的重要推手：原先棲息在海洋中的某些生物隨著潮漲潮落向陸地進軍，在漫長的演化過程中，一些堅強的生命就在海陸交界地帶最先生存了下來。潮汐給地球生命的滋生、繁衍抹上了濃墨重彩。

罕見的黑夜彩虹

讓我們先來猜一條謎語：「一座橋，七種色，高而遠，只能看，不能走。」

答案是什麼，你猜到了嗎？

「彩虹！」

對的，答案是彩虹。

彩虹是由空中雨滴像三稜鏡那樣折射分解陽光而形成的，按照常理分析，彩虹似乎只有在白天有太陽的時候才會出現。可是，在一些地方，黑夜裡竟然也有彩虹。

1987年6月7日午夜，中國新疆烏蘇縣出現了一條呈乳黃色的彩虹。有幸看到這一奇觀的人描述說：「那條彩虹色彩濃郁，在月光和閃電的映襯下，婀娜多姿，十分動人。」

這種在夜晚出現的彩虹，叫做「月虹」，是由於月

光照射而產生的。通常情況下，月虹比較朦朧，常常出現在月亮反方向的天空。

說到這裡，有人可能會問，月亮是不會發光的星球，怎會製造出彩虹？

其實，月亮雖然不能發光，卻可以反射太陽光，這也正是月光的由來。太陽光是七色光，所以月球反射的光線也是由紅、橙、黃、綠、青、藍、紫這七種可見的單色光組成的。如果晚上月光足夠明亮，而大氣中又有適當的雲雨滴，同樣可以形成彩色的月虹。

不過，由於月光畢竟比太陽光弱很多，所以大多數月虹都被誤認為呈白色，因為微弱的光線使月虹顯得特別暗，顏色也就自然難以分辨出來了。如果能夠把看上去是白色的月虹拍攝下來，結果照片肯定會顯示出和日虹一樣的彩色。

中國對月虹現象早有記載。《魏書》中記述西元243年11月的一晚出現了月暈，同時出現了彩虹：「東有白虹長二丈許，西有白虹長一匹，北有虹長一丈餘，外赤內青黃，虹北有背……」

這段記載裡所說「虹北有背」，很有可能就是指在虹外側還有色彩較淡的副虹。中國的古人不僅把月虹的現象記錄在了史書裡，還用美麗的詩歌描繪著這種奇妙

的景象：「誰把青紅線兩條，和雲和雨繫天腰？玉皇昨夜鑾輿出，萬里長空架彩橋。」

現在，人們對月虹的成因瞭解得越來越清楚，卻依然保持著非常濃厚的興趣，因為月光畢竟比太陽光弱得多，形成的月虹往往沒有日虹那麼明亮，有時候人們甚至很難發現。

所以，月虹的出現還是格外新奇引人的，以致於1987年出現在美國克邦斯普敦城的月虹引發了極為壯觀的觀賞盛況。

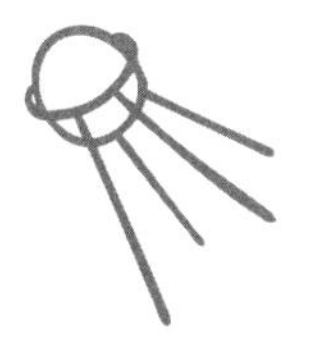

搭乘飛船去探險——令人著迷的太空旅行

奇妙的宇航餐

對於生活在地球上的人來說，吃飯、喝水是一件最正常、最簡單的事情了。可是，對於太空船裡的宇航員來說，吃飯卻是一件複雜又奇妙的事情，有時候還會很痛苦呢。

為了節省空間和能源，宇航員攜帶的航太食品需要盡可能地讓它體積小些，重量輕些，在製作上要巧費心思。

宇航員處在太空環境下的時候，身體狀況將會發生一些改變，為了適應這種生理變化，宇航員的膳食營養構成隨之要做適當調整。

比如，為了應對太空環境下的肌肉萎縮狀況，宇航員必須在膳食中攝取充足的蛋白質；為了應對骨質疏鬆，宇航員要攝取足夠的鈣、磷等營養成分。

在太空中，脫離了地球的引力，時刻處於失重狀態。在這種狀態之下，人和物都會虛懸於空，盛滿了食物的盤子朝上或者朝下放置就沒有太大區別了。食物不會掉在地上，而是和盤子一起漂浮著。所以，宇航員在地球上的吃飯方式到了太空中就不適用了。

一般來說，各種食物、餐具等都是固定好了的。宇航員手拿著叉子或者筷子，直接伸進裝食物的袋子裡夾著往嘴裡送就行。

為了防止食物的殘渣四處漂移，航空食品被設計成「一口吃」的小包裝，吃的時候不用再分割。如果宇航員想喝水、喝湯，直接從塑膠包裝或者牙膏一樣的管子裡，一點一點擠到嘴裡就可以了。

隨著技術的發展，宇航員的食物越來越豐富。他們不僅可以吃到新鮮的蔬菜、水果，而且可以在太空艙裡用特製的微波加熱器來加熱食物，和在地球上的飲食沒有太大差別。

昂貴的太空城市

大家也許在科幻片裡看到過「太空城市」，那是建立在太空當中的「星空之城」，都是人們幻想出來的。然而，在21世紀到來的時候，這個幻想已經開始變為現實了。

2000年10月31日，「聯盟TM-31」號太空船從哈薩克斯坦拜科努爾航太發射場發射升空。乘坐飛船的有3名宇航員，他們是美國人謝波德、俄羅斯人吉德津科和克里卡廖夫。他們的目的地是正在建設中的「太空城市」——國際空間站。

這3位宇航員成為了「太空城市」的第一批長住居民，他們將在那裡逗留到第二年的2月，他們的主要任務是讓空間站進入正常的工作狀態。

國際空間站實際上起源於美國著名的「星球大戰計

劃」。

美國早在雷根做總統期間，為了和前蘇聯抗衡，提出了發展「星球大戰計劃」，準備建設「自由」號空間站。蘇聯解體後，俄羅斯已不再對美國構成昔日那樣的威脅。老布希執政期間，「星球大戰計劃」擱置，「自由」號空間站計劃也被壓縮，1993年克林頓上台後停止了「自由」號空間站的建設。

但是時任美國副總統的戈爾卻對建設空間站計劃非常感興趣。在戈爾的極力主張下，「自由」號空間站的計劃設想從一國建造改為多國合作專案——「阿爾法國際空間站」。當時在合作檔上簽字的國家有：美國、俄羅斯、日本、加拿大，加上歐洲航天局的11個成員國——英國、法國、德國、比利時、義大利、芬蘭、丹麥、挪威、西班牙、瑞士、瑞典。

這是人類航太史上首次多國合作建造的最大空間站，預計總投資1000多億美元。

國際空間站的建造是十分複雜的：需要進行載人航太活動，實行太空梭與空間站的對接；宇航員要在上面訓練能力、開展空間科學實驗；要把主體艙和連接艙發射上去進行組裝；空間站的核心部分要發射升空進行對接；還要把服務艙、居住艙、實驗艙送上去組裝。

建成後的國際空間站將是個「太空中的城市」，成為人類在太空中長期逗留的一個前哨站。

它包括6個實驗艙和1個居住艙、3個節點艙以及平衡系統、供電系統、服務系統和運輸系統；總重量454噸，主結構長88公尺，首尾距離109公尺，高度44公尺；平均運行高度為350公里，軌道傾斜角51.6度。

所有的國際夥伴的火箭都可以到達這個軌道，使空間站能夠隨時獲得補給。同時，這個軌道提供了良好的觀測視野，包括85%的地表覆蓋，並飛過95%的人口地帶。地面上的人可以用肉眼看到它，在夜空裡，除月亮和金星外，第三顆最亮的「星星」就是國際空間站。

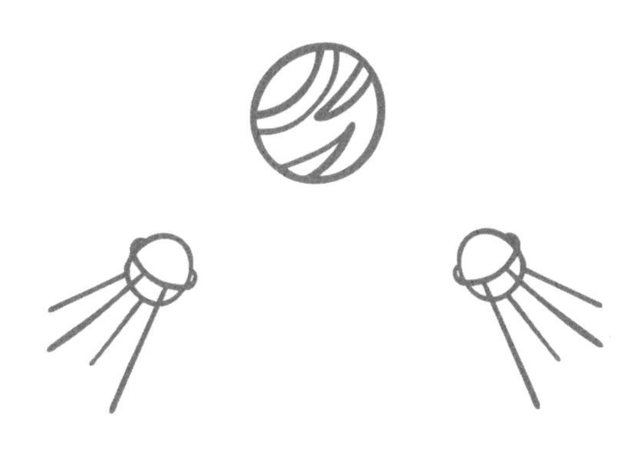

備受質疑的登月計劃

在相關科普類書籍上，我們曾經看到這樣的描述：

1969年7月16日，巨大的「土星5號」火箭載著「阿波羅11號」飛船從美國甘迺迪角發射場點火升空，開始了人類首次登月的太空征程。美國宇航員尼爾·阿姆斯壯、愛德溫·奧爾德林、邁克爾·科林斯駕駛著阿波羅11號太空船跨過38萬公里的征程，承載著全人類的夢想踏上了月球表面。

1969年7月16日下午4時17分42秒，阿波羅11號在月球著陸。

宇航員阿姆斯壯將左腳小心翼翼地踏上了月球表面，這是人類第一次踏上月球。接著他用特製的70毫米照相機拍攝了奧爾德林降落月球的情形。他們在登月艙附近插上了一面美國國旗，為了使星條旗在無風的月面看上去也像迎風招展，他們透過一根彈簧狀金屬絲的作用，使它舒展開來。接著，宇航員們裝起了一台「測震儀」、一台「雷射反射器」……在月面上他們共停留21小時18分鐘，採回22公斤月球土壤和岩石標本。7月25日清晨，「阿波羅11號」指令艙載著三名航太英雄平安降落在太平洋中部海面，人類首次登月宣告圓滿結束。

不過，在登月成功後，人們開始紛紛質疑。一些科學家和科普愛好者對美國的登月資料提出疑問：

第一個疑問：月球上沒有空氣，也就沒有風，可影像資料中太空人在月球插下的美國國旗迎風飄揚。

第二個疑問：正常情況應該是登月艙飛船停落時巨大的衝擊力將月球表面撞擊出一個大坑，而登月照片中的登月艙好像是被輕輕地放在地面上的。

第三個疑問：月球沒有大氣層，因而也就沒有空氣折射的問題，那麼應該清晰地看到月空中群星閃耀的圖景，可是登月照片上卻看不到一顆星星。

第四個疑問：月球表面只有一個光源——太陽，但宇航員卻出現了多個影子，說是在月球上拍攝的，不可相信。

儘管美國航天局對那四個疑問做了細緻並具有說服

力的解釋，但一些人仍然不信服。有的人認為美國宇航員當時是接近了月球表面，但因技術原因未能踏上月球。因為急於向全世界表功，因而偽造了多幅登月照片和一部攝影紀錄片，蒙蔽和欺騙了世人。

也有人認為，載有宇航員的火箭確實發射了，但目標不是月球，而是人跡罕至的南極，在那裡指令艙彈出火箭，並被軍用飛機回收。隨後宇航員在地球上的實驗室內表演登月過程，最後進入指令艙，並被投入太平洋，完成整個所謂的登月過程。

還有許多人認為，「阿波羅」登月計劃不可能造假。因為該計劃當時是在全球實況轉播的，有近億人親眼看到。並且，宇航員還從月球帶回了岩石等真憑實據；美國宇航局有成千上萬的科技、工程人員，不會一同矇騙世人；美國的傳媒幾乎是無孔不入，政府如有欺騙行為，媒體一定會發現蛛絲馬跡揭開謎底。

這麼多年過去了，質疑的聲音仍然不斷，卻又沒有真憑實據去否定。那麼，人類到底是否真的造訪了月球？大概只有登月的兩位宇航員知道吧！

太空垃圾：懸在空中的刀鋒

日常生活中，人類製造了大量的垃圾，垃圾處理是讓人頭疼的事情。無論填埋還是焚燒，龐大的垃圾山仍然不減反增。人類對自己地球上的垃圾山尚且疲於應對，那麼當然也會對太空中的垃圾頭疼。

那麼，究竟什麼是太空垃圾呢？它們是怎樣製造出來的？它們會不會在哪天突然墜落回地球上，給我們的生活造成危害呢？

太空垃圾在上個世紀五十年代開始形成。1957年10月4日，當時的蘇聯向太空發射了人類歷史上第一顆人造地球衛星——斯普特尼克1號。

從此之後，世界各國一共執行了超過4000次的發射

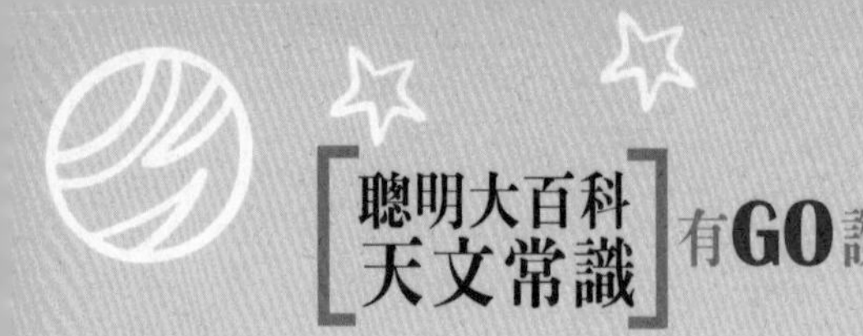

任務，發射了許多航太飛行器。對於每個航太飛行器來說，都會留下各式各樣的垃圾，大到完成任務的火箭箭體和衛星本體、火箭的噴射物，小到人造衛星碎片、漆片、粉塵等等。

雖然其中的大部分都透過落入大氣層燃燒盡了，但是截止2012年還有超過4500噸的太空垃圾殘留在軌道上。美國於1958年發射的尖兵1號人造衛星報廢後至今仍在其軌道上運行，是軌道上現存歷史最長的太空垃圾。

別小看了這些零零碎碎的太空垃圾，如果所有的太空垃圾都是以相同的高度、方向、速度來運行的話，那麼它們就會處於相對靜止的狀態，互不干擾。

但是目前太空垃圾的狀態並非如此，它們就像行駛在高速公路上的汽車，有的大、有的小，有的運行速度快、有的運行速度慢，有的運行軌道離地面較遠、有的運行軌道離地面較近。

當相近的兩個物體像開車一樣「變換車道」時，很有可能會撞車，就如同高速公路上發生車禍一樣。

由於太空垃圾的飛行速度很高，如果撞擊到航天器表面，輕者會留下凹坑，重的會給航天器沉重打擊，造成部分系統功能失效，甚至會產生災難性的後果。

我們要知道，一個僅10克重的太空碎片的太空撞擊

能量，不亞於一輛以每小時100公里速度行駛的小汽車所產生的撞擊能量；而一顆直徑為0.5公厘的金屬微粒，足以戳穿艙外航太服。宇航員出艙太空行走時，如果被迎面而來的碎片打在宇航服上，就會帶來很大問題。

為了應對太空垃圾，各國的航太專家們採取了多種對策。比如停止將工作的衛星推進到其他軌道上去，以免同正常工作的衛星發生碰撞；用太空梭把損壞的衛星帶回到地球，以減少空間的大件垃圾。

此外，對一些已經存在的大型太空垃圾，則採用監測系統來進行監測。據說，太空垃圾墜入地球傷人的機率為兩百億分之一。到今天為止，並沒見有哪個人因為太空垃圾的墜落而受到傷害。

地球的孩子

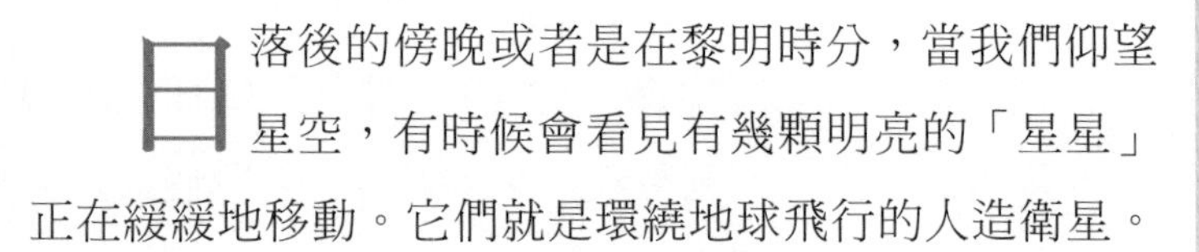

日落後的傍晚或者是在黎明時分，當我們仰望星空，有時候會看見有幾顆明亮的「星星」正在緩緩地移動。它們就是環繞地球飛行的人造衛星。

1957年10月4日，在離莫斯科2000公里的哈薩克境內的拜科努爾宇宙飛行器發射場，「衛星」號火箭悄然矗立在鋼鐵發射架上，火箭頭部的整流罩內，一個非凡的金屬球整裝待發。

為了發射這顆衛星，基地的一個發射台上用水泥建造了一個巨大的導流槽，用以引導火箭噴出的熊熊烈焰，導流槽的洞穴很像是海底大隧道的入口處，而在它的上面就聳立著威力無比的火箭，幾支巨大、碩長的鋼鐵支架緊緊地鉗住火箭，直到火箭起飛時，它們才會鬆開。

發射前的各項準備和檢驗工作完畢，一切正常。發射指揮中心發出最後10秒的倒計時發射指令：「10、9、8、7、6、5、4、3、2、1，發射！」

火箭在一片濃煙和烈焰的襯托下，隨著隆隆的巨響徐徐升起，尾部噴出長長的火焰，火焰越拉越長，火箭越飛越快，直插雲天，漸漸從人們的視野中消逝。

當全世界收聽到廣播裡傳出那神祕的電子嘟嘟聲時，那個非凡的金屬球正在太空中飛行。塔斯社繼續報導：「伴侶」1號的飛行高度約為500英里，運行速度大約每秒25000英尺，它正以與月球相似的橢圓軌道繞地球運行，其軌道平面同赤道的傾角是65度；「伴侶」1號呈球形，直徑約22.8英寸，重184磅……1957年10月5日，「伴侶」1號將再次通過莫斯科上空……

「伴侶」1號圍繞地球運行了90天，於1958年1月4日重返地球，但因與大氣層發生了強烈的摩擦，劇烈的高溫使它頓時化為灰燼。儘管這顆簡單的衛星壽命是如此之短，但它卻是人類發射的第一顆人造衛星，是人類為地球孕育的第一個孩子，它是月球當之無愧的姐妹。它的發射成功表明：地球強大的引力並不能將人類永遠束縛在地球搖籃之中，神祕的天國是可望也可及的。

人類歷史的新紀元終於到來了！從此，人類開始了太空時代。

從第一顆人造衛星升空後，上個世紀50年代末到60年代初，世界各國發射的人造衛星主要用於探測地球空間環境和進行各種衛星技術試驗；60年代中期，人造衛星開始進入應用階段，各種應用衛星先後投入使用；從70年代起，各種新型專用衛星相繼出現，性能不斷提高。一個赤道同步衛星可以把直線傳播的微波發射到幾乎占地球表面1/3的面積上，3顆同步衛星就可以使世界各地同時收到一個地方發出的廣播或電視節目。現在，人們不僅可以透過衛星聽廣播、看電視，還可以給遠在異國他鄉的親人打電話。

氣象衛星如今已成了人們離不開的好幫手，透過分析衛星傳輸回來的衛星雲圖，氣象專家能較準確地告訴我們明天的天氣情況。

例如，如果要繪製一張中國地圖，拍攝中國全境約需航空照片150萬張，費時10年；如果把這工作交給衛星，只需拍400張照片，7天就能完成。

現在，衛星還可以導航、預報森林火災、蟲災，估計農業收成、監視水利資源的合理利用等，衛星探礦、衛星找油更是方興未艾。人們已無法想像，沒有衛星，世界將會多麼寂寞啊！

火星上的塵暴閃電

在地球上，你會經常發現一個地方出現了塵暴或風暴，有時候還可以把家禽帶上天空，跟著塵暴、風暴去旅行呢！

在這些塵暴和風暴中，經常電閃雷鳴，天空好像要被劈開了一樣，那場面非常可怕。於是有人猜想，在太陽系的其他行星上，會不會也有塵暴、風暴的發生，也有電閃雷鳴呢？

美國科學家們努力研究，終於發現火星上也會發生同樣的事情了。

2006年6月8日，美國科學家找到了火星塵暴中能夠形成閃電的相關證據。當天火星上發生了一次塵暴，科學家們利用一架射電望遠鏡上的新型探測器，捕獲到了閃電發出的輻射信號，首次探測到了火星閃電。

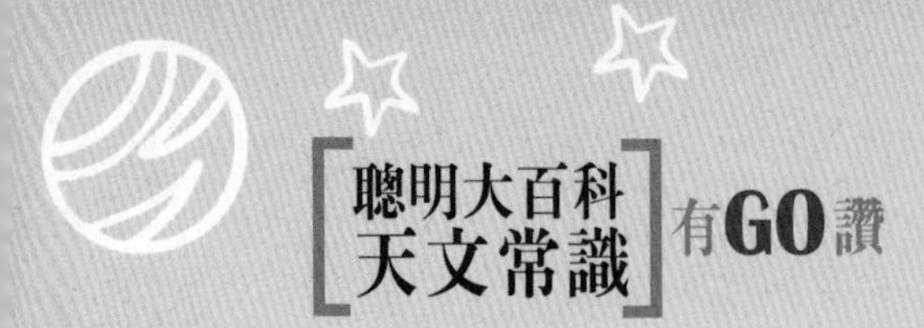

這種新型探測器是密歇根州大學安娜堡分校的克里斯多夫·拉夫率先研製出來的，是用於地球軌道氣象衛星研究的。雖然科學家們一直都相信火星上也會有閃電，但是探測器所捕捉到的閃電信號之強烈還是讓他們感到吃驚。

當時望遠鏡探測到的塵暴規模巨大，波及範圍達到22英里（約35公里），這場閃電相應地也持續了幾個小時之久。但是，拉夫發現火星上的閃電與地球上發生雷暴時出現的閃電並不完全相同，火星上的閃電更接近於地球上的無雷聲閃電，像一道劃破了雲層的閃光。

拉夫認為，雖然6月8日的閃電是由一場巨大的火星風暴引起，但是「一些較小的塵暴也會發生」，由此，他得出了「火星上經常出閃電」的結論。由於電流能夠孕育更為複雜的分子，所以，拉夫覺得閃電能夠影響火星過去或現在可能存在的生命，生命甚至有可能因為閃電的發生而出現。

火星閃電的發現，使人們開始擔心那些跋涉在火星表面的探測器以及未來的機器人或者人類探險家的安全。但事實上這些閃電並不會形成多大的威脅，就像地球上的閃電不會對地球人的安全造成巨大影響一樣，只有在火星探測器所在地區雲層內發生放電現象，才可能

導致安全威脅。

不過，閃電引發的某些化學反應卻是應該注意的，因為它們可能會影響火星大氣層及表面的化學性質，產生一系列腐蝕性化合物，這些物質將會影響探測設備和儀器的正常使用。

所以，科學家們準備在今後的探測儀器設計中考慮此類因素，將進一步改進技術手段。

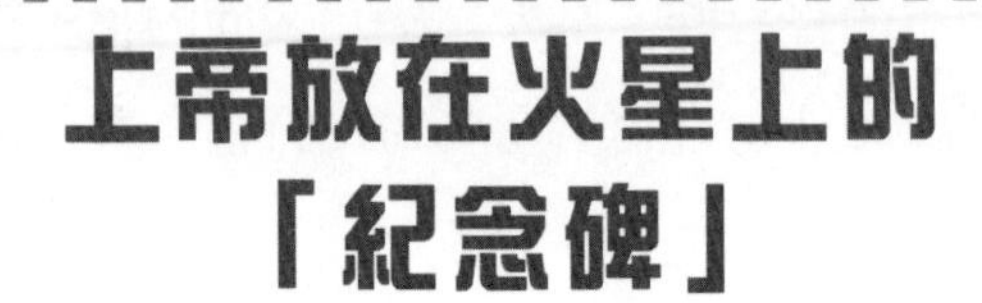

上帝放在火星上的「紀念碑」

被稱為「登月第二人」的美國宇航員巴茲·奧爾德林是個很風趣的人。當人類在火星的衛星火衛一上發現過一塊大石碑時，他說出了一句天文界的名言：「當人們發現它時，他們會說，『誰將它放在那裡的？到底是誰？』是宇宙放在那裡的！如果你願意相信，可能是上帝！」

太陽系九大行星之一的火星有兩顆天然衛星，就是火衛一和火衛二。

在外形酷似馬鈴薯的火衛一上，有一整塊結構特異的巨石。這種神奇的現象使奧爾德林甚至有點兒懷疑是上帝把它放在那裡的。他堅定地認為，人們應該造訪火

星的衛星，去研究一下這塊如建築物般大小的巨石到底是從哪裡來的，或者到底是誰建造出來的。

就這件事，加拿大航天局曾經資助了一項火衛一無人探測任務的研究，該研究名為「火衛一勘測與國際火星探索」。他們把那塊神祕的巨石作為主要的著陸點。參與這項研究任務的科學家艾倫·希爾德布蘭德博士認為，如果人們可以降落在那個物體上面，可能就不必去其他地方了。

這塊看上去像是矩形紀念碑的巨石周圍是否存在不明飛行物活動，還是說這個神祕物體只不過是一塊相對來說在距離現在很近的時間裡暴露於火衛一上的巨石？

在這個問題還沒有得到完美的解答時，美國的火星探測器又在火星上捕捉到了一塊類似的神祕矩形石碑。這塊巨石是由「火星勘測軌道飛行器」攜帶的專用高清相機在165英里（約265公里）遠處拍攝到的。

看上去，這塊巨石就像是曾在美國導演史丹利·庫柏力克執導的科幻影片《2001：太空漫遊》中亮相的黑石板，它在人類進化的一個重要時刻出現。那麼，這塊彷彿存在雕琢痕跡的巨石是否和火星生命有關呢？這在太空迷中引發了激烈的爭論。

人們紛紛在問：「火星上過去是否可能存在古文

明？美國宇航局是否可能早已知道答案？這難道是揭開火星謎底的最後一塊拼圖嗎？」

但是，捕捉到原圖的美國亞利桑那大學科學家卻給興奮的太空迷們潑了一盆冷水，他們認為：這只不過是一塊5公尺寬的普通大石頭，它甚至不能被稱為「整塊巨石」或「某種結構」，那就意味著它是一種人造物體，好像是人類放在火星上的一樣。事實上，那塊大石頭更有可能是從基岩裂開以後變成矩形形狀的。

阿爾弗雷德·邁克伊文教授在談到這塊巨石時說：「地球、火星和其他星球上有大量矩形巨石。岩石沉積導致的分層，再加上構造帶破裂，使得直角面偏軟，這樣一來，矩形石塊通常會風化，從基岩分離出來。」

這樣看來，把一塊巨石看成一座雄偉的紀念碑，也許不過是人們一廂情願的幻想。但是一些人不把它當做幻想，仍在期望有新的發現。

「黑色騎士」和不明殘骸

在童話《女妖和瓦西莉莎》中，有一個穿黑盔甲，騎黑馬，連轡繩都是黑色的騎士。他象徵著黑夜，一經出現，夜幕就會降臨。他是女妖巴芭雅卡的忠實僕人，被稱為「黑色騎士」。

有一顆地球的衛星，與童話故事中的這個人物同名，也被稱為「黑色騎士」。它非常「怪異」，因為它的運行方向與其他衛星的運行方向恰好相反。

這顆衛星是在巴黎天文台觀測站工作的法國學者雅克．瓦萊於1961年發現的。隨後，按照瓦萊提供的精確資料，世界上許多天文學家也發現了這顆環繞地球逆向旋轉的獨特衛星。

法國著名學者亞歷山大．洛吉爾推斷，「黑色騎士」可能與UFO有聯繫。因為那種繞地球運行的與眾不

同的方式，表明它具有能夠改變重力的巨大能量，而這似乎只有UFO才能做到。

「黑色騎士」的祕密還沒揭開，1983年，美國的紅外天文衛星在北部天空執行任務時，又發現了一顆神祕的衛星。

這顆體積異常巨大、具有鑽石般美麗外形的衛星兩次出現在獵戶座方向，兩次現身時隔6個月，表明它在空中的運行軌道比較穩定。

根據天文學家對衛星和地面站的跟蹤研究顯示，這顆衛星內部裝有十分先進的探測儀器，周邊有強大的磁場保護。它似乎一直在透過某種先進的掃描器在探測地球的祕密，並使用強大的發報設備將搜集到的資料傳送到了遙遠的外太空。

沒有人知道「黑色騎士」以及這顆詭異衛星的真正「身份」，但可以肯定的是它們不是來自地球，所以有人認為它們可能是來自外太空某一個星球的人造天體。

法國天文學家佐治・公尺拉博士甚至認為，在獵戶星座附近出現的衛星至少已製成5萬年之久。

在地球軌道上運行的不僅有這些完好的外來衛星，還有一些來歷不明的飛行器殘骸，有人推測它們是爆炸後存留的外星太空船殘骸。

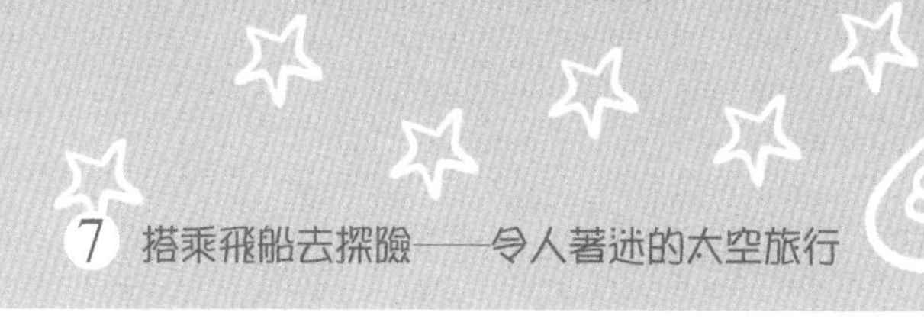

20世紀60年代初期，在離地球2000公里的宇宙空間裡，前蘇聯科學家發現了由10片破損的碎片組成的太空殘骸，認為它們原先本是一個整體，由一次強烈的爆炸導致破碎。

10片碎片中最大的兩個直徑約有30公尺，由此，人們推斷這艘太空船至少長60公尺，寬30公尺。

美國核子物理學家與宇航專家斯丹唐·費德曼認為在一段時間之後，人類有能力把這些殘骸重新拼合起來。根據假設的飛船結構，這架飛船內部設備非常先進，還有供探視使用的舷窗，外部有一定數目的小型圓頂，大概是裝設望遠鏡、碟形無線以供通信用的。

但到目前為止，科學家們依然不知道那顆5萬年前被發射升空的人造衛星究竟是從何而來的，它繞地球運動的目的又是什麼，也不知道在地球軌道上漂浮著的太空船殘骸又是怎樣來到地球並被毀滅的。

無邊神祕的宇宙，總是給人們帶來了太多的猜想，製造了種種的「謎團」，等待人們去一一揭開它的面紗。

天文館奇幻劇場——有趣的天文故事

外太空神祕信號的降臨

1976年夏天，在劍橋大學的研究組工作的喬斯林·貝爾肩負著一項艱苦而又繁重的觀測任務，就是觀察太陽系行星際空間的閃爍現象。

他所用的望遠鏡對整個天空掃視一遍需要4天時間，因此每隔4天，貝爾就要詳細地分析一遍記錄紙帶。

由於望遠鏡的整個裝置不能移動，所以只能依靠各天區的周日運動進入望遠鏡的視場進行逐條掃描。貝爾必須用雙眼非常仔細審視記錄紙帶，既要從紙帶上分離出各種人為的無線電信號，又要把真正射電體發出的射電信號標示出來。

她是一個盡職盡責的工作者，無論白天還是黑夜都在努力進行她的觀察和分析。

一天上午，正當貝爾全神貫注地整理一個月以來的

紀錄時，紙帶上有一段不同尋常的記錄，立刻引起了貝爾的注意，她頓生疑問：「奇怪，這既不像行星閃爍的現象，也不像地球上人為的干擾，是怎麼回事呢？」

貝爾是個非常細心的人，這種不太明顯的現象，一般人是不會在意的，但貝爾卻對它給予了高度的重視。她又請教了她的老師，在老師的指導下，半個月後，她終於得到了一個清晰的脈衝圖像。

這種來自太空的神祕信號，從所記錄到的曲線看上去似乎毫無規律，但仔細觀測，就會發現這中間其實掩藏著一組極有規律的脈衝信號——脈衝週期只有1.337秒，週期特別短，稍縱即逝。儘管它雖然短，卻非常的穩定。

「這難道是外星人從遙遠的星球上，向地球發射來的聯絡信號嗎？」貝爾突發奇想。

經過貝爾之後幾年的觀察結果表明，原來，那並非是什麼外星人發來的信號，而是一個新的天體。

「那麼，這到底是一個什麼天體呢？」貝爾百思不得其解。

就在她愁眉不展的時候，一位科學家曾經說過的話，突然在她的耳邊響起，「宇宙間可能存在著一種由中子組成的恆星，它的直徑特別小。」

貝爾恍然大悟，「莫非這就是幾十年前科學家所說的星體？」她欣喜若狂。

1968年2月，貝爾和她的老師休伊什等人，在英國《自然》雜誌上發表了題為《對一個快速脈動射電源的觀測》的報導，文中稱他們的劍橋研究組收到了來自宇宙空間的無線電信號。後來，經過系統觀測，這類天體被貝爾等人正式命名為「脈衝星」。

神祕的戰爭調停者

西元前6世紀的時候，在希臘半島和小亞細亞半島之間的愛琴海東岸，發生了一場殘酷的戰爭。

當地的米迪斯和呂底亞兩個大部落忽然起了爭端，肥沃的土地變成了戰場，和平的人間化作了鬼域。戰火連綿不息，持續了5年之久，無數人在戰爭中被殺死，婦女和孩子成為別人的奴隸，老人們無家可歸，常常餓死或病死在路旁。

頻繁而又長久的戰亂使這一帶地區的人民苦不堪言，看到這樣的慘像，天文學家泰勒斯心急如焚。後來他想出了個消除戰禍的辦法，然後付諸實施。

他預先推算出西元前585年5月28日這天，當地將發生日全食。於是，他公開宣佈：「上天對這場戰爭十分

厭惡，將要吞食太陽向大家示警。」

5月28日那天終於來到了，正當交戰雙方打得難分難解的時候，忽然間，一個黑影出現，把太陽慢慢地「吞掉」了。頓時天昏地暗，交戰的雙方都被推入茫茫「黑夜」。過了幾分鐘，太陽又復原了。

但是，這種奇異的天象使交戰雙方都相信了這是上天發出的警告，如果再各不相讓都將被天誅滅。於是雙方根據天的旨意握手言和。自此之後，這兩個部落之間再沒有發生過任何戰爭。

其實，日食純粹是一種自然現象。太陽、月球和地球都是在空中旋轉運行的，月球和地球不發光。當月球運行到太陽與地球中間時，三者便處在一條直線上，太陽光就被月球遮住，看上去太陽上有一個黑乎乎的圓影，這就是日食。

日食有日偏食、日環食和日全食三種。日偏食是太陽圓面被月球遮住一部分，而太陽圓面其餘部分仍然很光亮的現象；日環食是太陽圓面的中心部分被月球遮住，而太陽圓面邊緣還露出像光環似的亮圈的現象；日全食是整個太陽圓面完全被月球遮住的現象。

月神幫了敘拉古軍

兩千多年前的古希臘境內，以雅典為首的城邦聯盟和以斯巴達為首的城邦聯盟爆發了戰爭，引起的原因是為了爭奪希臘的控制權。

雙方的爭戰難分勝負，一直持續了27年。最終戰爭的轉捩點是西西里島之戰，而左右這關鍵一戰的力量，竟然是一場月食。

西元前413年8月27日傍晚，雅典聯邦西西里島遠征軍統帥尼西亞根據戰爭發展形勢，下達了撤軍命令，雅典遠征軍的上百艘戰艦和3萬多名士兵都做好了撤退準備。

指揮官索尼還成立了一支由精壯軍士組成的後衛隊，預備阻擊追趕來的敵軍，掩護大部隊撤退。

當天夜裡，正當雅典遠征軍順利撤退之時，突然出現了很多斯巴達的盟友——敘拉古軍隊的戰船。尼西亞指揮著軍隊向敘拉古敵軍展開了猛烈的衝殺，敵軍敗下陣來，雅典遠征軍充滿了勝利的喜悅。

正在這個時候，天上的月亮突然出現了陰影，慢慢地越來越大，後來，月光消失，天空中繁星閃爍，月亮變成了一個暗紅的圓盤。

這其實是發生了月食，是一個正常的自然現象，但當時的雅典軍隊不知道具體的原因，以為這是災難來臨前的徵兆，紛紛祈禱膜拜。統帥尼西亞也不知所措，於是聽從預言家的建議，決定延遲3個9天後再撤軍。

敘拉古軍隊聽到雅典軍因月食而停止撤軍的消息後，大喜過望，立即調整了部署，加緊訓練軍隊，制定新的作戰計劃。

準備充分之後，敘拉古軍突然向雅典遠征軍發動了攻擊。因為毫無防備，雅典軍立即紛紛潰敗。指揮官索尼戰死，統帥尼西亞被迫投降，不久之後就被處死。

雅典軍隊有7000餘名士兵被俘後成為奴隸或苦工。戰爭結束後，敘拉古軍隊擺下祭品，感謝月神顯示月食，使敘拉古軍由敗轉勝。

雅典遠征軍和敘拉古軍發生戰鬥的時候，正好發生

了月全食現象。可是當時的雅典遠征軍對月食產生的原因還不瞭解，所以停止了撤軍行動，結果大敗虧輸，真是可嘆。

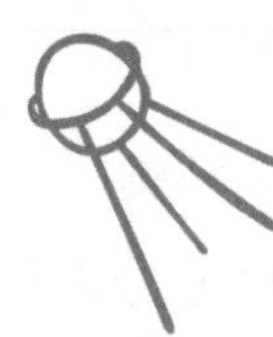

月光破案記

美國歷史上的著名總統林肯年輕的時候做過律師。他曾受理過這樣一個案件：一個叫阿姆斯的人被指控為謀財害命。

法庭上，原告證人一口咬定自己目睹罪犯作案，他說：「10月18日晚上11時，我在一個草堆後面，看到被告在草堆西邊30公尺遠的大樹旁作案，月光正照在被告臉上，我看得清清楚楚。」

這時，律師林肯不慌不忙地站了起來，說：「你在說謊！10月18日那天是上弦月，晚上11時，月亮已經西沉，不會有月亮。」就這樣，他的這番辯詞，贏得了這場訴訟，進而使這起冤案得以澄清。

林肯為什麼能使冤案得以澄清呢？原因就在於林肯的辯詞與月相有很大的關係。

所謂月相，是指月球圓缺的各種形狀。

當月球和太陽位於地球的同側時，陽光照在地球背面，從地球上看，月球全部黑暗，再一點點出現邊牙，這叫新月；當月球和太陽分別位於地球兩側時，月球被太陽照亮的半球正對著地球，這時在地球上觀測月球，則是一輪明月，這叫滿月。由新月變成滿月的過程中，月亮又分上弦和下弦。

這個案件指控事實的10月18日，月亮是上弦月，晚上11時，月亮已經西沉，不應該有月光；並且即使證人記錯了時間，把作案時間向前推，但月亮是在西邊，月亮從西邊照過來，照在被告人臉上，被告人臉向西，藏在樹東邊草堆後的證人是無法看到作案人的面容的；倘若作案人面向證人，月光照在被告人後腦勺上，證人又如何看清二、三十公尺處的作案人是誰呢？

林肯依據月亮的出沒規律，分析了案情，擊中了問題的要害，取得了訴訟的勝利。

假如你也有一次相似的機會，你是否也會根據月相的變化，月亮升落的時間，做出合理的判斷呢？

從天而降的芝加哥大火

一個星期天，美國芝加哥街上擠滿了歡樂的人群。

忽然，城東北的天氣漸漸昏暗，一幢房子起火了。消防隊接到警報，還來不及抬出裝備，第二個火警接踵而來：離第一個火警三公里外的聖巴維爾教堂也起火了。消防隊立即分撥一半人去教堂。隨後，火警從四面八方頻頻傳來，消防隊東奔西突，不知救哪處為好。

這個號稱「風城」的芝加哥城，突然間四下起火。火越燒越旺，並藉著風勢快速蔓延，在第一個火警發出90分鐘後，全城便陷入了一片火海之中……

驚慌失措的市民爭相奔逃，在街上東跑西撞。幸虧火警發得早，人們都還沒有睡午覺，沒造成更多的人蒙難。但即便如此，全城被驚馬踏死的和燒死的也有上千

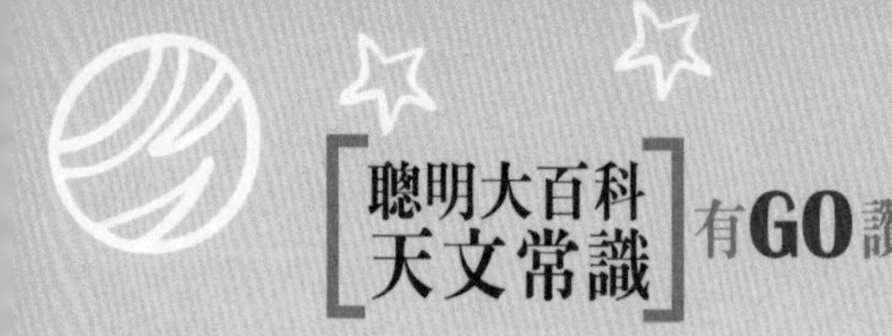

人。讓人特別驚恐的是，有幾百個火中逃生的人會聚在郊區公路上，竟然集體倒斃在那裡。

大火一直燒到第二天上午，中心鬧區因此而化為瓦礫。

當時報紙上報導說，是一頭母牛碰翻了煤油燈，點燃了牛棚而引起這場大火的。就這樣道聽塗說，一傳十，十傳百，傳得沸沸揚揚，一些人也深信不疑。

但為什麼會同時多處起火？集體死亡的幾百人又怎樣解釋？親身經歷的人們一直感到十分不解。

那一天，正是1871年10月8日。

為了探討這從天而降的大火原因，美國學者維·姆別林研究了許多天文檔案，在比較大氣和火災之間的關係後，提出了這次火災的「流星雨引火」假設：

1871年10月8日，比拉彗星分裂的一個慧核擦過地球，交會點正在美國。於是流星雨撒落下來，大部分在大氣層中摩擦燒完，只有殘餘的隕石落到地面，溫度特別高，能使金屬、石頭熔融。

芝加哥被這場「雨落天火」燒毀了，它周圍各州的一些森林、草原都同時起火。由於隕落物裡含有大量致命的物質，一氧化碳和氰，這些物質可以形成使人致命的小區域──「死亡區」，人一旦進入這個死亡區就莫名其妙地死亡。所以，當幾百個死裡逃生的人來到郊區公路上時，他們正好撞入這個禁區內，一個個倒地而亡。

但是，當今科學界對維．姆別林這個「流星雨引火說」並不贊同。原因是，到目前為止並沒有任何實物來對此加以證明。即使是彗星物質與地球相遇，也不會造成災難性的事件，因為不等隕石墜地，早就在高空被焚燒殆盡了。就是有個別落到地表的隕石，也不可能會釀成火災，因為隕石擦過大氣層產生的溫度只限於表層，內部仍舊是冰涼的，到達地面後是不會引起火災的。

有關這場從天而降的大火，儘管有不少科學家都提出了各自的看法，但都沒有足夠的證據來支撐。因此，這場意外之火以及幾百人的離奇死亡，至今還是一個難解之謎。

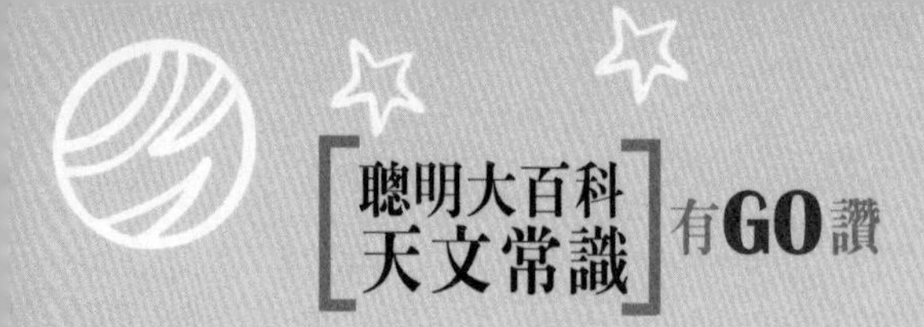

天上掉下來的星星凍

1979年8月10日夜裡，一道亮光劃破天空，墜落到美國德克薩斯州達拉斯市附近。有人循著光團的墜落方向找過去，發現了三堆紫色的物體，其中一堆已經溶解了，另外兩堆則被冷凍起來並被送去研究。這就是發生在20世紀的最著名的星星凍事件。

「星星凍」是指相當奇怪的亮光或流星似的物體從天空飛過之後，落在地面上的膠凍狀物質。關於這種現象的最早描述發生在1541年，之後類似的目擊事件時常發生。

比如在1819年的某個深夜，一個火球慢慢出現在深邃的夜空中，緩慢移動並最終降落在美國麻塞諸塞州阿默斯特市一戶人家的院子裡。

當天晚上，這家人並沒有察覺到什麼不同，第二天早上，主人在家門口附近發現了一些棕色的奇特物質。

這堆物質是圓形的，直徑大約為20公分，有一層相對堅硬的外殼，掀開之後，露出柔軟的中心，並發出令人噁心的臭味。

那家主人本來想把這堆東西處理掉，但發現它的顏色從棕色變成了血紅色，並不斷地從空氣中吸取水分。他覺得有幾分奇怪，於是把其中一部分收集到玻璃瓶子裡。

三天之後，他驚奇地發現玻璃瓶裡只剩下一層深色的薄膜，用手輕輕一捏，那些薄膜就變了纖細無味的灰燼。

在威爾士方言裡，「星星凍」的意思是「來自星星的腐爛物」，所以長期以來人們一直認為星星凍和流星、隕星一樣，與宇宙中的星球有著某種關係。

但是美國的科學家曾經對「星星凍」進行仔細的化驗，沒有任何跡象證明它們是來自星星的腐爛物。

所以，科學家開始尋找更加現實的解釋：

有些人認為星星凍可能是鳥類的嘔吐物；植物學家卻相信那是一種藍綠色的念珠藻；加拿大的一位教授認為那可能是在腐爛木頭上生長出來的一種凝膠狀菌類……但上述的任何一種解釋，都無法和星星凍被發現之前天空中出現的亮光聯繫起來。所以，星星凍的成因至今仍是個謎。

神奇的「天文蛋」

在一個小鎮上，一個女孩養了一隻黃母雞，生出了一個十分奇怪的雞蛋。這顆蛋的大小、顏色等特徵與往常無異，但蛋殼上卻佈滿了稍微突起的白色斑點，它們有規則地構成了一些星辰天體圖案，其中一些白斑對應於天上的牧夫星座、室女星座、獅子星座、獵戶星座，形象清晰可辨。

你可不要以為這是個故事哦，它可是真實的發生在中國的江蘇省。差不多也是同一個月，四川省也發現了同樣的奇怪雞蛋。這顆蛋的硬殼表面有7個突出的斑塊，就像北斗七星的圖案。

這就是神奇的「天文蛋」呢！其實，在歷史上，「天文蛋」的出現一點兒也不稀奇。每此哈雷彗星造訪地球邊緣時，世界各地就有母雞生出帶有彗星圖案的

「天文蛋」來。其中有的彗星圖案如雕刻的一樣，怎麼擦拭都擦不掉。在「天文蛋」裡最常見的就是「彗星蛋」了。

大概在幾百年前，也就是1682年，哈雷彗星對地球進行週期性的「訪問」了。德國的瑪律堡有隻母雞生下一個異乎尋常的蛋，蛋殼上佈滿星辰花紋，格外好看。1785年，英國霍伊克附近鄉村的一隻母雞生下的蛋殼上清晰可見有彗星圖案。

1834年，哈雷彗星再次出現，希臘一個名叫齊西斯的人家裡有隻母雞生下一個蛋，殼上也有彗星圖。齊西斯先生還把它獻給了國家，得到了一筆不少的獎金。此後，人們也經常發現天文蛋。

有人說，也許是遙遠天體的運行對地球生物產生相當微妙的作用，才造成「天文蛋」的出現。尤其是日食、彗星飛臨地球等天文現象發生時，便會產生一些帶有天文現象圖案的「天文蛋」。但是，很多科學家還是認為這是一種偶然現象。不過，天文現象會不會影響母雞生蛋，大概也只有母雞自己知道了吧！

天狼伴星和諾母神

冬春季節夜晚晴朗的天空裡，我們很容易看見一顆明亮耀眼的恆星，它點亮了一片天空，是那樣光彩奪目，它就是天狼星。

天狼星其實是由兩顆恆星組成的，其中一顆是人類能夠用肉眼看得到的天狼星A，也是夜空中所能看到的最亮的恆星；天狼星A還擁有另一顆我們肉眼看不見的伴星，也就是天狼星B。由於天狼星A的亮度是天狼星B的一萬倍，所以當我們仰望星空時，很難發現這顆小小的伴星。

但是，在非洲的多貢族傳說中，就有關於這顆小伴星的最早記載。

多貢族是非洲的一個古老民族，他們居住在廷巴克圖以南的山區，屬於現在的馬里共和國轄下，以耕種和

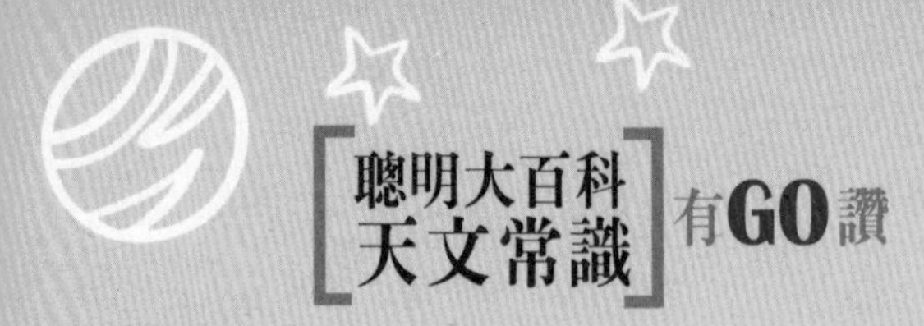

遊牧為生，大多數人還居住在山洞裡。他們沒有文字，只憑口授傳述知識。多貢族的傳說中曾提到了一顆叫做「波托羅」的星球，「波」是一種細小的穀物，「托羅」是星的意思，也就是說這是一顆細小如穀的星球。「波托羅」是圍繞天狼星運動的，它是黑暗的、質密的、肉眼看不見的，所以多貢族人又稱它是天狼星的「黑暗的夥伴」。然而，他們又說這顆星球是白色的，所以，「小、重、白」是他們總結的天狼伴星的特徵。

事實證明，多貢人口頭流傳了400多年的傳說是正確的。1834年，天文學家開始從天狼星運行的異常軌跡推測它可能擁有另一顆伴星。

1862年，有人證實了天狼伴星的存在；1928年，人們借助高倍數望遠鏡等各種現代天文學儀器觀測到它是一顆體積很小而密度極大的白矮星。它的直徑大約為12000公里，比地球還稍微小一些，但是質量卻達到了太陽的98%，這也就意味著它的密度十分驚人，茶杯般大的天狼伴星的物質重量可以達到12噸，這正好證明了多貢族傳說中「最重的星」的說法。

毫無疑問，生活在非洲山洞裡的多貢人顯然沒有高科技的天文觀測儀器，那麼，他們是怎樣早於天文學家們發現了這顆天狼伴星呢？

在多貢族的傳說中，諾母神是從天狼星系來到地球的智慧生物，它們來到地球就是為了把一些天文學知識傳授給多貢族人。據說，諾母長得既像魚又像人，是一種兩棲生物，大多時候生活在水中。它們是乘坐飛行器來到地球的，飛行器盤旋下降，發出巨大的響聲並掀起大風，降落後在地面上劃出了深深的印痕。至今，多貢人還保存著一張畫，內容就是諾母乘坐著拖著火焰的巨大飛船，從天而降的場景。

此外，多貢人說諾母還傳授給他們許多天文學知識，如：多貢人有四種曆法，分別以太陽，月亮，天狼星和金星為依據；他們認為宇宙的核心就是天狼伴星，它是神所創造的第一顆星；他們早就知道行星繞太陽運行，土星上有光環，木星有四個主要衛星。

如果多貢人的傳說是真的，那麼諾母很可能就是一種高智商的外星生物。它們擁有高於人類的智慧，對浩渺宇宙的瞭解顯然也要多於人類。從它們的口中，多貢人很早就知道了天狼伴星的軌道週期為50年（實際正確數字為50.04±0.9年），其本身繞自轉軸自轉（這也是事實），他們甚至還在沙上準確地畫出了天狼伴星繞天狼星運行的橢圓形軌跡，與天文學的準確繪圖極為相似。

多貢人還說，天狼星系中還有第三顆星，叫做「恩

美雅」，有一顆衛星一直在環繞「恩美雅」運行。雖然直至今天，天文學家仍未發現「恩美雅」，但古老的多貢族傳說使人們似乎已經默認了這顆星球的存在。

剪下後傳真、掃描或寄回至「22103新北市汐止區大同路三段194號9樓之1讀品文化收」

▶ 聰明大百科：天文常識有GO讚！（讀品讀者回函卡）

■ 謝謝您購買這本書，請詳細填寫本卡各欄後寄回，我們每月將抽選一百名回函讀者寄出精美禮物，並享有生日當月購書優惠！
想知道更多更即時的消息，請搜尋"永續圖書粉絲團"

■ 您也可以使用傳真或是掃描圖檔寄回公司信箱，謝謝。
傳真電話：（02）8647-3660　　信箱：yungjiuh@ms45.hinet.net

◆ 姓名：＿＿＿＿＿＿＿＿　□男　□女　□單身　□已婚

◆ 生日：＿＿＿＿＿＿＿＿　□非會員　□已是會員

◆ E-mail：＿＿＿＿＿＿＿＿　電話：(　)＿＿＿＿

◆ 地址：＿＿＿＿＿＿＿＿

◆ 學歷：□高中以下　□專科或大學　□研究所以上　□其他＿＿＿＿

◆ 職業：□學生　□資訊　□製造　□行銷　□服務　□金融
□傳播　□公教　□軍警　□自由　□家管　□其他＿＿＿＿

◆ 閱讀嗜好：□兩性　□心理　□勵志　□傳記　□文學　□健康
□財經　□企管　□行銷　□休閒　□小說　□其他

◆ 您平均一年購書：□ 5本以下　□ 6～10本　□ 11～20本
□21～30本以下　□ 30本以上

◆ 購買此書的金額：＿＿＿＿＿＿

◆ 購自：□連鎖書店　□一般書局　□量販店　□超商　□書展
□郵購　□網路訂購　□其他

◆ 您購買此書的原因：□書名　□作者　□內容　□封面
□版面設計　□其他

◆ 建議改進：□內容　□封面　□版面設計　□其他＿＿＿＿

您的建議：

廣告回信
基隆郵局登記證
基隆廣字第55號

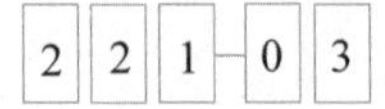

新北市汐止區大同路三段194號9樓之1

讀品文化事業有限公司 收

電話/(02)8647-3663　　傳真/(02)8647-3660

劃撥帳號/18669219　　永續圖書有限公司

請沿此虛線對折免貼郵票或以傳真、掃描方式寄回本公司，謝謝！

讀好書品嚐人生的美味

聰明大百科：天文常識有GO讚！